云南优质烤烟平衡施肥技术

云南省烟草农业科学研究院
上海烟草集团有限责任公司　编著
江苏中烟工业有限责任公司

科 学 出 版 社
北 京

内 容 简 介

本书主要以土壤学与植物营养学为背景，在云南省烟草农业科学研究院、上海烟草集团有限责任公司、江苏中烟工业有限责任公司相关研究与云南烟区施肥实践的基础上，系统阐述了云南优质烤烟平衡施肥技术的集成应用。全书共十章，第一和二章主要介绍云南烟区的生态条件和烤烟质量特征；第三和四章论述云南植烟土壤的理化性状与烤烟平衡施肥的生理基础；第五至八章分别论述云南烤烟氮、磷、钾肥和中微量元素、有机肥施用技术；第九和十章论述云南烤烟水肥综合管理和专用肥生产及农化服务。

本书可供从事烟草科研、教学与生产经营的相关人员参考使用。

图书在版编目(CIP)数据

云南优质烤烟平衡施肥技术 / 云南省烟草农业科学研究院，上海烟草集团有限责任公司，江苏中烟工业有限责任公司编著. 北京 ：科学出版社，2024. 11. -- ISBN 978-7-03-079917-3

I. S572.06

中国国家版本馆 CIP 数据核字第 2024AG3075 号

责任编辑：马　俊　闫小敏 / 责任校对：张小霞
责任印制：肖　兴 / 封面设计：无极书装

科学出版社 出版
北京东黄城根北街 16 号
邮政编码：100717
http://www.sciencep.com
北京中科印刷有限公司印刷
科学出版社发行　各地新华书店经销
*
2024 年 11 月第　一　版　开本：720×1000　1/16
2024 年 11 月第一次印刷　印张：10 1/2
字数：210 000

定价：168.00 元

（如有印装质量问题，我社负责调换）

云南优质烤烟平衡施肥技术
编写委员会

主　编

李天福

副主编

岳　超　闫　鼎　张晓海

编写人员

（以姓氏拼音为序）

崔国民　范幸龙　飞　鸿　胡钟胜　李天福
李向阳　刘国庆　明　峰　沈　毅　童文杰
王树会　王亚辉　王战义　徐照丽　闫　鼎
杨春江　杨雪彪　岳　超　张金召　张晓海
赵高坤

前　言

由于得天独厚的气候条件和优越的生态环境，云南是世界上最适宜种植烟草的地区之一。烤烟是云南种植的主要烟草类型，云南烤烟具有“色泽金黄、油润丰满、香气浓郁、劲头适中、吃味醇和、余味舒适”等清香型品质特点，已成为中式卷烟的主体原料。

自1985年优质烤烟（主料烟）试种获得成功以来，云南烤烟生产得到突飞猛进的发展，产质量显著提高，为我国卷烟工业提供了大量的优质原料。云南优质烤烟栽培技术的推广应用，使烤烟施肥技术有了长足的进步。烤烟施肥的量因此较以前增加，但肥料配比更趋合理。这改变了烟株“营养不良、发育不全、成熟不够、烘烤不当”的状况。但是，烤烟施肥不当与营养失调问题还较为普遍，限制了云南烤烟生产的高质量发展。

实施烤烟平衡施肥，就是要根据土壤养分状况与供肥能力、烤烟需肥规律与肥料效应，确定合理的施肥量与施用方法，并不断改进肥料配方以平衡土壤与烟株营养，最大限度地满足烤烟生长与品质形成所需，确保烤烟生产优质、高效、低耗与可持续发展，从而提高烤烟肥料利用率和种植效益。

本书主要以作者多年的试验示范与调查分析为素材，论述了云南优质烤烟平衡施肥技术的理论与实践。由于作者水平有限，书中难免有错误之处，敬请读者批评指正。

作　者

2023年10月于昆明

目　　录

第一章　云南优质烤烟的生态基础

云南地处低纬度高原，地理位置特殊，地形地貌复杂。受南孟加拉高压气流形成的高原季风气候影响，全省干湿季分明，降水主要集中在5～10月，大部分地区呈现冬暖夏凉、四季如春的气候特点，具有生产优质烤烟的得天独厚的自然条件。云南烤烟以“清、甜、香、润”而闻名，是中式卷烟的主体原料，这主要得益于云南特殊的地理位置和生态环境。

第一节　云南烟区的地理分布

由于纬度较低，年内各时期太阳辐射能量相差不大，云南烟区形成年温差较小、日温差较大的主要气候特征，为优质烤烟生产提供了较好的生态条件。

一、地形地貌

云南烟区位于青藏高原东南部，总体的地形特征是北高南低，由西北向东南呈阶梯状递降。境内地势西北部和东北部较高，西北部最高；西南部和东南部较低，东南部最低。全省地势高低悬殊，最高点为滇藏交界的德钦县梅里雪山主峰，海拔6740m；最低点为滇东南河口县元江与南溪河交汇处，海拔仅76m。两地直线距离约840km，海拔相差约6.7km，坡降达0.8%，即平均水平距离每1km下降约8m，斜面之陡为全国罕见。云南一般以元江谷地和云岭山脉南段的宽谷为界，分为东西两大地形区，东部为滇东、滇中高原，地形波状起伏，平均海拔2000m左右，表现为起伏和缓的低山和浑圆的丘陵，发育着各种类型的岩溶地形，海拔1400～2000m的山间盆地和丘陵是滇东、滇中主要烤烟种植区域。西部为横断山纵谷区，高山深谷相间，相对高差较大，地势险峻，南部海拔一般在1500～2200m，北部在3000～4000m，只有西南部边境地区地势渐趋缓和，河谷开阔，一般海拔在800～1000m，个别地区在500m以下，是云南省主要的热带、亚热带地区。

云南地貌具有高原呈波涛状、高山峡谷相间、断陷盆地星罗棋布、山川湖泊纵横和地势西北高东南低五大特征。全省土地面积，山地占84%，高原、丘陵占10%，盆坝、河谷占6%。境内气候带繁多，而海拔是影响气候的重要因素。从低海拔到高海拔形成了北热带、南亚热带、中亚热带、北亚热带、南温带、中温带、北温带7个气候带。一般情况下，地势从低到高则气温降低、降水增多，日照、风速、湿度都有不同的变化。

云南烟区地形地貌复杂，根据植烟土地的差异，可将烤烟明显分为田烟、地烟和山地烟。丘陵地区地势较高，地下水位低，排水良好，一般土壤中速效氮含量也不高，钾含量较多，有利于优质烤烟生产。美国质量最优烤烟的产地是北卡罗来纳州和南卡罗来纳州的丘陵地区，津巴布韦也多在多山的高原植烟。海拔不同，影响气候和土壤，相应地也影响烤烟生产。纬度不同，则适宜植烟的海拔不同，如黄淮烟区海拔多在100m，而云南烟区则多在1200～2000m。目前，云南烟区以地烟、山地烟为主，约占85%。

优质烤烟烟叶品质对地形地貌的要求还表现在海拔上。韩锦峰等（1993）对河南烟区不同海拔烟叶香气物质含量进行测定的结果表明，随着海拔增加，烤烟叶片中苯甲醛、大马酮、总类胡萝卜素、总酚、绿原酸等18种香气物质含量明显增加，茄尼酮和其他成分含量减少，因此认为烤烟种植在较高海拔地区有利于清香类型物质的形成。

据周金仙等（2004）的研究，随着海拔增加，烟叶中总糖和还原糖含量、施木克值和糖碱比增加，蛋白质和总氮含量降低，而烟碱（即尼古丁）含量在中海拔最高，高海拔降低明显（表1-1）。一般高海拔地区的昼夜温差相对较大，白天的气温仍适宜烤烟正常生长，有利于光合作用的进行，而夜间温度低，烤烟呼吸作用弱，有机物质消耗少，干物质积累和碳水化合物相应增加。

表1-1　海拔对烤烟化学成分的影响

海拔（m）	总糖（%）	还原糖（%）	总氮（%）	烟碱（%）	钾（%）	蛋白质（%）	糖碱比	施木克值	氮碱比
1400～1600	27.5	21.8	1.98	2.42	1.59	9.76	11.36	2.81	0.82
1600～1800	33.0	25.4	1.89	2.61	1.80	8.97	13.10	3.69	0.70
1800以上	35.5	29.3	1.66	1.94	1.69	8.25	19.90	4.31	0.92

二、种植区域

云南地处我国西南边陲，位于21°09′～29°15′N、97°31′～106°11′E，东与广西和贵州为邻，北与西藏、四川相连，西与缅甸毗邻，南与越南、老挝接壤；北依广袤的亚洲大陆，南濒热带海洋，西南距孟加拉湾600km，东南距北部湾400km，正处在东亚季风和南亚季风的过渡区域。全省东西横跨865km，南北纵跨990km，总面积约39.4万km^2，居全国第八位；行政区划为16个州市，依次为昆明市、昭通市、曲靖市、楚雄彝族自治州（简称楚雄州）、玉溪市、红河哈尼族彝族自治州（简称红河州）、文山壮族苗族自治州（简称文山州）、普洱市、西双版纳傣族自治州（简称西双版纳州）、大理白族自治州（简称大理州）、保山市、德宏傣族景颇族自治州（简称德宏州）、丽江市、怒江傈僳族自治州（简称怒江州）、迪庆藏族自治州（简称迪庆州）、临沧市。其中，玉溪市、曲靖市、昭通市、昆明市、楚雄州、大理州、红河州、文山州、保山市、普洱市、丽江市、临沧市、德宏州13个州市是云南烤烟的主要种植区。

第二节　云南烟区的气候条件

云南优质烟区主要集中在海拔1300～2000m的区域，是世界上海拔最高的烟区。云南之所以盛产优质烟叶，是由其独特的气候特点、适宜的土壤条件和较高的种植调制技术等因素决定的。

一、气温适宜

烤烟在25～28℃的最适温度下虽然生长最快，但并不健壮，不易生产出优质烟叶。冉邦定（1985）在分析云南烤烟产区的气候条件后指出：从优质烟叶的品质出发，较理想的成熟期平均温度是20～24℃，生产优质烟叶要求平均温度在20℃以上（表1-2）。烤烟大田期≥10℃有效积温为2000～2800℃时，可以生产出品质优良的烟叶。

表1-2　成熟期平均气温与烤烟质量

成熟期平均气温（℃）	烟叶物理性状			烟叶化学成分					烟叶评吸质量		
	颜色	光泽	油润	总糖（%）	还原糖（%）	烟碱（%）	蛋白质（%）	总糖/烟碱	香气	吃味	杂气
16.6	8	6	4	36.26	31.5	0.61	4.88	59.44	12	8	7
20.5	4	8	4	41.28	32.4	1.29	5.58	32.00	14	8	7
22.6	7	7	4	25.33	19.8	1.34	5.25	18.90	14	9	7
24.9	9	8	4	24.48	20.5	1.54	7.69	15.90	15	9	8
27.2	8	8	4	18.68	16.7	2.91	8.12	6.42	17	10	8

注：烟叶颜色、光泽、油润及杂气以10分制计分，香气、吃味以20分制计分

云南烟区除昭通外，育苗期3～4月的平均温度偏高，3月下旬的气温稳定在14℃以上，4月初稳定通过15℃，5月初上升到18～20℃，温度上升平稳，有利于培育壮苗。云南烤烟大田期5～8月，主产烟区的平均温度是19～22℃，处于

或接近烤烟最适温度范围 20～24℃，与世界著名烟区的大田期平均气温非常相似；虽然云南部分烟区大田期的月平均气温略低于 20℃，但大部分烟区各月的平均气温比较稳定，变化幅度小，平均气温最高月与最低月相差仅 2～5℃，各月气温仍处于烤烟生长的适宜范围；加之云南绝大部分地区气温日较差大，白天气温相对较高，基本处于烤烟生长的最适宜范围，弥补了云南主产烟区大田期平均气温略低的不足。云南烤烟成熟采烤期为 7～9 月，主产烟区的月平均温度为 17～22℃，前期（7～8 月）为 20～22℃，与世界优质烟产区相似；后期（9 月）为 17～20℃，虽然部分地方的月平均温度小于 20℃，但高于 17℃，仍处于最适宜或适宜的温度范围。

虽然云南部分主产区的烤烟大田期温度略低于最适温度，但有效积温较高，主产烟区基本不出现 35℃以上的高温天气。云南烟区大田期≥10℃有效积温为 2200～2500℃，≥17℃积温（昭通除外）为 2050～2350℃，两个积温仅相差 150℃左右。因此，烤烟大田期的积温基本属于≥17℃范围，已能满足烤烟生长需求，并与光、水和土壤调和，非常适宜生产优质烤烟（表 1-3）。加之采用地膜覆盖栽培技术，移栽期适当提前，相应成熟采烤期得以提前到 9 月上旬结束，确保了烟叶品质的形成。

表 1-3　云南主产烟区 3～9 月各月平均气温　（℃）

地点	3 月	4 月	5 月	6 月	7 月	8 月	9 月
玉溪	13.2	17.0	20.0	20.8	20.7	20.2	19.1
昆明	12.6	16.1	18.9	19.6	19.7	19.1	17.5
蒙自	17.7	20.9	22.6	22.9	22.8	22.1	21.0
楚雄	14.2	17.5	20.3	21.0	20.8	20.2	18.7
沾益	13.1	16.5	18.6	19.2	19.8	19.2	17.3
大理	13.0	15.6	18.7	20.0	20.0	19.2	17.9
文山	16.5	20.1	22.1	22.6	22.7	22.0	20.6
昭通	8.5	12.7	15.8	17.5	19.7	19.0	16.0

在热量条件中，昼夜温差是影响烤烟质量的一个重要因素。昼夜温差大，有利于光合产物向根、茎及生殖器官运转，而不利于其在烟叶中积累。世界上著名的优质烤烟产区多位于昼夜温差偏小的沿海地带，昼、夜温度分别为 25～28℃和 15～22℃。气温年较差小、日较差大是云南烟区的主要气候特征。美国 Chan 和 Lai（1989）研究认为，较高的夜间温度（昼夜温差小）导致烟株呼吸作用加强，糖分解代谢加速，烟叶糖含量降低，有机酸和钾含量提高。烤烟大田期昼夜温差大，有利于烤烟香气的形成。据宋志林和立道美朗（1980）报道，日本春野试验所利用人工气候箱研究了昼夜温差对烟叶中氮素含量的影响，结果表明：在昼温

相同的条件下，夜温增加（昼夜温差减小），烟叶中非蛋白氮含量增加。非蛋白氮反映在烟叶质量上，就是烟叶燃烧时有鸡毛臭味，会覆盖香气物质发出的香气，对品质不利。可以说，昼夜温差是决定云南烤烟质量特点的一个重要因素。

二、光照充足

烤烟是喜光作物，其长势、产量、品质与光照强度、光质有很大关系。对于优质烤烟生产而言，和煦而充足的光照是必要条件。在一般生产条件下，烤烟大田期的日照时数最好达到 500～700h，日照百分率最好达到 40%以上；成熟采烤期日照时数要达到 280～300h，日照百分率要达到 30%以上，才能生产出优质烟叶。如果光照不足，烤烟光合作用减弱，干物质积累少，烟株生长缓慢，植株纤弱，叶片薄、质轻、油分少而香气不足、烟碱含量低、吃味平淡、品质差。据 1987 年中国烟草总公司青州烟草研究所测定，田间烟株封行时，在自然光照强度为 80μmol/（m^2·s）的条件下，上部烟叶接受的光照强度相当于自然光照强度的 10%，中部叶为 5.0%～5.6%，而下部叶仅为 2.5%～4.1%，这时就会出现“底烘”现象。其原因是严重遮阴时下部叶光合能力锐减，而呼吸作用仍在进行，养料入不敷出，叶片处于饥饿状态，生理代谢发生变化，有机物质大量分解。反之光照太强，使烟叶的组织结构发生变化，叶片变厚，主脉粗，形成“粗筋暴叶”，烟碱含量过高，吃味辛辣，品质差。烤烟需光量随生育期而变化，苗期的光饱和点为 200～400μmol/（m^2·s），大田期为 600～1000μmol/（m^2·s），这是烤烟正常生长所需的最低界限。但实际上在 2000μmol/（m^2·s）的光照强度下，成熟阶段烟叶群体的同化物质总量仍随光照强度增加而增加。烤烟苗期的光饱和点可达 250～760μmol/（m^2·s），并随烟苗的长大而升高；大田初期光饱和点升高，成熟期逐渐下降，且下部叶＜中部叶＜上部叶。研究发现，烤烟品质在半漫射光下最好，3/4 漫射光次之，全部直射光最劣。

烤烟除受光照强度影响外，还受光质及日照时间影响。不同波长的光对烤烟生长的作用不同，红光即长波光对烤烟生长没有抑制作用，而短波的蓝光及紫光，尤其是紫光对烤烟伸长生长有抑制作用。原因是短波光会破坏生长素的合成，从而抑制细胞的伸长。一般认为，烤烟是短日照植物，缩短光照能提早现蕾开花。但因品种而异，大多数烤烟品种对日照长短的反应不敏感，只有多叶型品种表现出明显的短日照性。日照长短不仅影响烤烟的发育特性，与其生长也有密切关系。例如，在一定范围内，光照时间长，光合作用时间延长，可以增加有机物质的合成；当光照时间减少到每天 8h 以下，烟株生长缓慢，茎伸长延迟，叶片数减少，植株矮小，叶色黄绿，甚至发生畸形现象。

云南烟区光照较强，年总辐射量较大。烤烟大田期的5～9月主要是雨季，通常是晴间多云和多云间晴的天气，漫射光多，形成一种和煦的光照条件，对优质烤烟的生长及其品质形成非常有利。云南烟区年日照时数在2200h以上，大田期一般为550～650h，日照百分率为34%～44%。云南主产烟区3～4月日照时数最高，各月可达 200～270h，为培育壮苗提供了较好的光照条件；5 月日照时数在200h左右；而旺长期6～7月正值雨季，云量多，日照时数比4月、5月减少，但各月比较均匀，大约在150h，日照百分率在35%左右，能满足优质烤烟生产对光照的要求（表1-4）。

表1-4　云南主产烟区3～9月日照时数　（h）

地点	3月	4月	5月	6月	7月	8月	9月	6～9月
玉溪	244.4	235.9	217.6	149.3	137.2	148.6	133.4	568.5
昆明	266.3	253.6	225.3	141.6	141.6	160.5	138.3	582.0
蒙自	231.2	227.1	208.5	145.0	150.7	157.7	151.8	605.2
沾益	238.9	230.1	194.5	132.4	145.2	156.6	119.0	553.2
楚雄	251.1	237.5	232.8	165.1	139.1	152.3	144.7	601.2
大理	227.3	199.3	202.1	156.6	150.0	157.6	151.8	616.0
文山	211.8	221.6	199.9	148.9	163.6	158.8	148.8	620.1
昭通	207.4	207.5	184.7	130.2	186.9	185.1	133.0	635.2

三、降水适中

云南烟区月平均降水量为130～210mm，育苗阶段（3～4月）的降水量较少，月降水量为 10～50mm。目前绝大部分地方有浇水或灌溉条件，降水不会对烟苗生长构成影响，特别是育苗阶段降水少，气温相对较高，光照充足，对培育壮苗十分有利。凡是降水较多的年份，往往日照较少，气温较低，烟苗的生长较差。云南烤烟移栽期主要在4月下旬至5月上旬，降水量为60～100mm，能满足优质烤烟前期生长的需要，加之温度较高、日照充足，有利于蹲苗，可促进根系生长，为烤烟优质适产打下了基础。旺长期（6～7月）云南烟区降水充足，月降水量为100～200mm，光照和煦，温度适宜，对烤烟生产十分有利。成熟采烤期（7～9月）降水适中，前期月降水量200mm左右，后期减少，为100mm左右，符合烟叶在该阶段对水分的要求。

此外，云南降水还有一个特点，即雨日多，降水强度小，降水有效性高。6～8月云南主要烟区的雨日为55～60天，占年雨日的50%左右，平均雨日降水量为7～8mm，一日最大降水量为 80～120mm，降水强度远小于我国黄淮、福建等烟区（表1-5）。因此，云南烟区独特的降水特点也是其烤烟优质的一个重要因素。

表 1-5　云南主产烟区 3～9 月降水量　（mm）

地点	3月	4月	5月	6月	7月	8月	9月
玉溪	15.6	30.8	90.6	140.1	173.7	185.1	108.1
昆明	16.2	26.8	91.9	173.2	204.8	205.9	121.6
红河	25.7	51.1	87.6	126.5	164.3	159.5	91.2
曲靖	17.9	37.6	113.1	214.2	172.9	180.8	116.6
楚雄	11.1	18.3	65.1	133.2	170.4	181.3	115.0
大理	33.3	24.1	63.4	188.9	182.0	222.5	161.9
文山	25.8	56.3	120.8	148.5	193.1	195.6	105.4
昭通	11.9	34.9	83.1	134.5	151.6	118.8	101.6

四、气候类型多样

按《中国自然地理》提出的气候带划分指标，用≥10℃天数、≥10℃有效积温、最冷月均温和降水量多年平均值等指标对云南的气候类型进行划分，云南烟区集中分布在南温带、北亚热带、中亚热带、南亚热带 4 个气候带（表 1-6）。

表 1-6　云南 7 个气候带类型划分

气候带	≥10℃天数	≥10℃有效积温	最冷月均温（℃）	极端最低气温（℃）	降水量（mm）	分布地区
北温带	＜100	＜1600	＜2	＜-10	400～500	德钦、中甸、昭通大山包、东川落雪等
中温带	100～171	1600～3400	2～4	-10～-5	600～800	维西、兰坪等
南温带	171～218	3200～4500	4～6	-8～-4	600～800	昭阳、威信、鲁甸、镇雄、宣威、会泽、富源、马龙、师宗、丽江、永胜、宁蒗、剑川、云龙等
北亚热带	218～239	4200～5300	6～8	-5～-2	1000～1500	盐津、彝良、大关、永善、沾益、陆良、罗平、寻甸、昆明、晋宁、安宁、富明、楚雄、姚安、大姚、南华、牟定、禄劝、武定、大理、巍山、祥云、保山、腾冲、龙陵、昌宁、贡山、砚山、丘北、西畴、泸西等
中亚热带	239～255	5000～6500	8～10	-3～0	1000～1200	绥江、宜良、文山、广南、马关、麻栗坡、红塔、易门、新平、华宁、峨山、禄劝、永仁、弥渡、宾川、漾濞、永平、临沧、凤庆、施甸、福贡、弥勒、屏边、元阳、绿春、楚雄、江川、通海、澄江
南亚热带	255～365	6000～7500	10～15	-2～2	1000～1500	新平、巧家、蒙自、开远、建水、红河、石屏、金平、富宁、宁洱、景东、江城、墨江、勐海、沧源、耿马、双江、澜沧、景谷、芒市、盈江、瑞丽、梁河、陇川、华坪、元谋、云县、永德、镇康等
北热带	365	7500～9000	＞15	4～6	1200～1500	河口、元江、景洪、勐腊、金平、耿马、孟定

李文华等（2006）根据生物气候分布滑移相似原理和方法，对云南 7 个气候带的 8 个典型特征地区进行了气候相似分析，与以江川为代表的第 1 生态区气候达一级相似的烟区有美国的北卡罗来纳和我国的许昌、郑州，相似距离在 0.37～0.45；达二级相似的烟区有美国的南卡罗来纳、弗吉尼亚、佐治亚，津巴布韦的哈拉雷、奇平加，巴西的坎皮纳斯、库里蒂巴，我国的青州、西安、青岛，相似距离在 0.52～0.82。没有与以嵩明为代表的第 2 生态区气候达一级相似的烟区，达二级相似的烟区有美国的弗吉尼亚、北卡罗来纳、佐治亚，津巴布韦的奇平加，巴西的坎皮纳斯、库里蒂巴、帕苏丰杜，我国的青州、许昌、遵义、郑州、西安、青岛，相似距离在 0.53～1.00。没有与以腾冲为代表的第 3 生态区气候达一级相似的烟区，达二级相似的烟区有巴西的帕苏丰杜和我国的三明，相似距离分别为 0.90 和 0.96。没有与以弥勒为代表的第 4 生态区气候达一级相似的烟区，达二级相似的烟区有美国的南卡罗来纳、弗吉尼亚、北卡罗来纳、佐治亚，津巴布韦的哈拉雷、奇平加，巴西的坎皮纳斯、圣玛利亚，我国的青州、许昌、郑州，相似距离为 0.55～0.94。没有与以丘北为代表的第 5 生态区气候达一级相似的烟区，达二级相似的烟区有美国的佐治亚，津巴布韦的奇平加，巴西的坎皮纳斯、库里蒂巴、帕苏丰杜、圣玛利亚，我国的许昌、三明、遵义、韶关，相似距离在 0.53～1.00。与以盐津为代表的第 6 生态区气候达一级相似的烟区有我国的遵义，相似距离仅 0.41，没有达二级相似的烟区。没有与以元江为代表的第 7 生态区气候达一级相似的烟区，达二级相似的烟区有津巴布韦的哈拉雷、奇平加，巴西的坎皮纳斯，相似距离在 0.84～0.97。与以镇雄为代表的第 8 生态区气候达一级相似的烟区有我国的遵义，相似距离仅 0.37；达二级相似的烟区有巴西的帕苏丰杜，相似距离为 0.96（表 1-7）。

表 1-7　云南烟区与国内外烟区气候相似等级

烟区	江川		嵩明		腾冲		弥勒		丘北		盐津		元江		镇雄	
	相似距离	相似等级	相似距离	相似等级	相似距离	相似等级	相似距离	相似等级	相似距离	相似等级	相似距离	相似等级	相似距离	相似等级	相似距离	相似等级
南卡罗来纳（美国）	0.78	2	1.11	3	1.63	4	0.69	2	1.09	3	2.04	4	1.14	3	2.08	4
弗吉尼亚（美国）	0.66	2	1.00	2	1.78	4	0.90	2	1.27	3	2.10	4	1.42	3	2.01	4
北卡罗来纳（美国）	0.37	1	0.74	2	1.64	4	0.62	2	1.01	3	1.78	4	1.16	3	1.74	4
佐治亚（美国）	0.65	2	0.95	2	1.53	4	0.67	2	1.00	2	1.94	4	1.18	3	1.93	4
哈拉雷（津巴布韦）	0.76	2	1.14	3	1.89	4	0.59	2	1.20	3	1.98	4	0.84	2	2.10	4
奇平加（津巴布韦）	0.72	2	0.99	2	1.50	4	0.55	2	0.91	2	1.85	4	0.96	2	1.94	4
坎皮纳斯（巴西）	0.77	2	1.00	2	1.54	4	0.63	2	0.91	2	1.77	4	0.97	2	1.86	4
库里蒂巴（巴西）	0.82	2	0.53	2	1.14	3	1.01	3	0.65	2	1.18	3	1.41	3	1.05	3
帕苏丰杜（巴西）	1.33	3	0.99	2	0.90	2	1.38	3	0.74	2	1.05	3	1.68	4	0.96	2

续表

烟区	江川		嵩明		腾冲		弥勒		丘北		盐津		元江		镇雄	
	相似距离	相似等级	相似距离	相似等级	相似距离	相似等级	相似距离	相似等级	相似距离	相似等级	相似距离	相似等级	相似距离	相似等级	相似距离	相似等级
帕拉（巴西）	1.77	4	1.81	4	1.75	4	1.35	3	1.30	3	1.85	4	1.15	3	2.23	4
圣卡塔琳娜（巴西）	1.09	3	1.10	3	1.10	3	0.86	2	0.63	2	1.56	4	1.16	3	1.69	4
山东青州（中国）	0.52	2	0.78	2	1.92	4	0.94	2	1.29	3	1.81	4	1.39	3	1.69	4
河南许昌（中国）	0.43	1	0.54	2	1.74	4	0.69	2	0.96	2	1.27	3	1.04	3	1.28	3
福建三明（中国）	1.49	3	1.16	3	0.96	2	1.49	3	0.87	2	1.13	3	1.72	4	1.12	3
贵州遵义（中国）	1.34	3	0.98	2	1.42	3	1.43	3	0.97	2	0.41	1	1.64	4	0.37	1
河南郑州（中国）	0.45	1	0.66	2	1.87	4	0.76	2	1.12	3	1.46	3	1.12	3	1.44	3
广东韶关（中国）	1.26	3	1.11	3	1.05	3	1.04	3	0.53	2	1.08	3	1.17	3	1.34	3
陕西西安（中国）	0.80	2	0.77	2	1.97	4	1.08	3	1.25	3	1.22	3	1.35	3	1.18	3
山西太原（中国）	1.05	3	1.17	3	2.31	4	1.49	3	1.77	4	2.09	4	1.89	4	1.86	4
山东青岛（中国）	0.64	2	0.72	2	1.86	4	1.12	3	1.31	3	1.75	4	1.58	4	1.54	4

五、不利的气候因素

（一）干旱与热害

在云南烟区全年的各种类型干旱中，初夏干旱对烤烟的生长影响最大。干旱往往导致气温过高，超过35℃时，烟株的生长受到抑制，烟碱含量会不成比例地增加，不易生产出优质烟叶。温度过高对烤烟生长的危害称为“热害”，与高温的程度和持续时间有很大关系。高温使烟株的呼吸作用大于光合作用，消耗贮藏的养料，时间过久，植株呈现饥饿状态甚至死亡。高温往往破坏蛋白质的分子结构，使其变性，并使脂类液化，导致许多代谢活动不能正常进行。另外，高温增强了烟株的蒸腾作用，引起生理干旱，并影响烟株对物质的吸收。云南烟区的雨季开始时间在各年之间的差异很大，容易形成夏旱或伏旱，其对无灌溉条件的烟区影响较大。如果雨季开始时间偏晚，使移栽推迟，或移栽后烟苗得不到必需的水分供应，成活率低，同时烤烟在生长前期不能早生快发，将严重影响烟叶的产量和品质。

（二）低温及冷害

低温是云南中高海拔地区烤烟生产中的主要气象灾害之一，许多年份低温与洪涝多雨或初夏干旱伴随出现，对烤烟生长发育和产量品质形成的危害极大。云南烟区的低温灾害特点为：“两头低温影响，中间高温不足”。在生长前期和中期，日平均温度低于18℃并持续一段时间，将会抑制烤烟生长而促进其发育，导致“早花”。冰点以上的低温对烤烟造成的伤害称为“冷害”，其主要导致生物膜的透性改变，引起膜脂发生物相变化，由正常的液晶态变为凝胶态，由此而产生一系列其他的间接伤害和次生伤害。在云南烟区，以幼苗遭受冷害较为常见。当温度接近冰点时，烟苗根系生长停滞，吸收能力减弱，养分运输受阻或减慢，叶绿素形成受阻，叶片发黄，幼芽和幼叶变黄呈微白色，叶缘上卷，叶片皱褶或微长呈匙状，烟苗矮化。在海拔较高、后期气温下降快的烟区，要保证烤烟优质适产，必须适时早栽，避开后期低温，集中在 4 月下旬至 5 月上旬移栽，以避免后期冷害。

（三）冰雹

冰雹是一种局部的、难以预测的天气灾害，全省每年都有发生，可对烤烟生产造成一定的影响。春季冰雹不多，主要打坏苗床上或移栽后的烟苗，造成缺塘少苗，影响较为严重。秋季冰雹相对较多，造成的损失也较大，轻者打烂烟叶，影响品质，重者造成绝收。对雹灾的防御方法主要有：①合理布局，择优种植，根据“雹走老路”的特点，将烤烟布局在少雹或无雹的区域种植；②增加地面植被覆盖，保护森林，减小地面增温幅度，减少冰雹发生；③采取人工防雹，减少损失。

（四）洪涝

云南局部地区雨季降水太多或短时暴雨会造成山洪暴发，此时河水泛滥、烟田被淹；降水过多还会使病虫害增多，使烟叶的品质和产量都受到影响。因此，防洪、防涝也是烤烟生产的一项重要工作。

第三节　云南烟区的种植区划

烤烟的分布格局是自然条件、历史原因和当时当地社会经济条件共同作用的结果。云南地处我国西南边陲，北回归线横贯其南部，属低纬度高原地带，与世界知名烟叶产区如美国北卡罗来纳、津巴布韦和巴西的纬度极为相近。

一、烤烟适宜生态类型划分

云南属亚热带高原型季风气候，受地形影响，气候垂直变化显著。在太平洋和印度洋气流的影响下，全省干湿季节分明，一般 5～10 月为雨季，11 月至次年 4 月为旱季。遵循烤烟气候区划原则，黄中艳等（2007）、胡雪琼等（2006）通过基于地理信息系统（GIS）的云南主要气候要素空间分布的细网格推算和模拟，将 7 月平均气温、4～9 月降水量和 7～8 月日照时数作为云南烤烟气候适宜性分区的指标体系。结合云南烤烟生产实际，将烤烟适宜生态类型分为最适宜区、适宜区、次适宜区和不适宜区 4 种（表 1-8）。

表 1-8　云南烤烟种植气候适宜性分区指标

指标	最适宜区	适宜区	次适宜区	不适宜区
7 月平均气温（℃）	20.01～22.0	19.01～23.5	18.5～25.5	<18.5 或>25.5
7～8 月日照时数（h）	≥250	≥220	≥180	<180
4～9 月降水量（mm）	550～1250	450～1250	450～1400	>1400 或<400

（一）最适宜区

海拔 1400～1800m，6～8 月平均气温大于 20℃的持续天数在 70 天以上，9 月下旬平均气温在 17℃以上；0～60cm 土壤含氯量小于 30mg/kg，土壤 pH 为 5.5～6.5。

（二）适宜区

海拔 1000～2000m，无霜期大于 120 天，6～8 月平均气温大于 20℃的持续天数在 70 天以上，9 月下旬平均气温在 17℃以上；0～60cm 土壤含氯量小于 30mg/kg，土壤 pH<7.0。

（三）次适宜区

海拔 1000m 以下和 2000～2200m，无霜期大于 120 天，6～8 月平均气温大于 20℃的持续天数在 50 天以上；0～60cm 土壤含氯量小于 45mg/kg。

（四）不适宜区

海拔 2200m 以上，无霜期不足 120 天；0～60cm 土壤含氯量大于 45mg/kg。

二、烤烟种植区域划分

烤烟种植区域的划分根据自然条件、社会经济条件和生产水平等因素综合确定，并随着社会经济的发展而变化，以利于烤烟生产的整体布局和年度生产计划的实施。结合云南烤烟适宜生态类型、种植历史与地理分布状况，可将云南烤烟种植区域划分为以下 6 个烟区。

（一）滇中烤烟区

滇中烤烟区植烟历史悠久，位于云南省中部，包括玉溪市的江川区、红塔区、通海县、澄江市、华宁县、峨山县、新平县、易门县、元江县，昆明市的石林县、宜良县、富民县、安宁市、晋宁区、呈贡区、嵩明县，红河州的弥勒市、泸西县、开远市、建水县、石屏县，以及楚雄州的双柏县等 24 个县（区、市）。该区多数烟区海拔 1400～1800m，属亚热带气候。烤烟大田期 4～9 月均温 19～23℃，7 月平均气温在 20℃以上；历年 4～9 月降水量 718mm，日照时数 1010h 以上，日照百分率 35%～40%。植烟土壤多为红壤、水稻土、紫色土和石灰性土，微酸性至中性。该区地势平坦，坝子多，处于省会昆明附近，交通方便，文化、经济发达，耕作技术水平较高。近年来随着农村产业结构调整，城镇化建设推进和县域经济发展，农作物产业逐渐多元化，蔬菜和其他经济作物与烤烟的竞争激烈。例如，昆明市呈贡区由于花卉的发展，烤烟种植退出；玉溪市通海县、江川区的蔬菜发展使烤烟种植难度逐年加大，烟叶生产的可持续发展面临着许多困难和挑战。今后烤烟生产的方向为要充分发挥该区的自然优势，把种植区域调整到比较适宜的山区、半山区，并加强山区基础设施建设；同时要探索集约化规模经营和农村互助合作制的生产形式，以改变“一家一户一小片”的分散经营模式。

（二）滇东烤烟区

滇东烤烟区位于滇东高原，是 20 世纪 50 年代后期发展起来的烟区，包括曲靖市的麒麟区、陆良县、罗平县、师宗县、马龙区、沾益区、会泽县、富源县、宣威市，以及昆明市的寻甸县和禄劝县共 11 个县（区）。烤烟分布在海拔 1500～2100m，坝子多为亚热带气候，山区属暖温带气候。烤烟大田期 4～9 月均温 17～20℃，7 月平均气温 18.6～21℃，9 月均温除少数区域外都高于 17℃；4～9 月降水量 871mm 左右，日照时数 947.6h 以上，日照百分率 35%～40%。植烟土壤多为红壤、黄壤、紫色土和水稻土，有机质少，肥力一般，多呈微酸性。该区交通方便，能源丰富，烤烟是主要的经济作物之一。该区存在的主要问题是烤烟生长后期气温偏低，海拔较高的山区气温更低；加之曲靖是北方冷空气和南方暖气流交锋的地方，9 月后经常受冷空气控制，降温快，烤烟生长受到影响，烟叶烘烤后青烟多、品质差。今后烤烟生产的方向为要逐步调整布局，压缩高寒山区的烤烟生产，把烤烟种植安排在气候温和、生态条件适宜的地方；同时要采取地膜覆盖和适时早栽等措施，避免后期的低温影响。

（三）滇西烤烟区

滇西烤烟区是 20 世纪 70 年代发展起来的烟区，位于滇中高原偏西部，包括楚雄州的楚雄市、禄丰市、大姚县、姚安县、武定县、南华县、永仁县、牟定县、元谋县，大理州的祥云县、宾川县、永平县、弥渡县、巍山县、南涧县、大理市、漾濞县、剑川县、鹤庆县、洱源县、云龙县，丽江市的宁蒗县、玉龙县、华坪县、永胜县，以及保山市的隆阳区、腾冲市、昌宁县、施甸县共29个县（区、市）。该区海拔1200～2300m，属亚热带气候。烤烟大田生长期4～9月均温16.5～23.8℃，7月平均气温19.0～24.3℃，9月下旬气温除少数地方外都在17℃以上；4～9月降水量772mm，日照时数1023h，日照百分率35%～54%。植烟土壤多为紫色土，其次是红壤、黄壤和水稻土，旱地土壤多呈微酸性，适宜烤烟种植。该区坝子较多，土地资源丰富，交通方便，烤烟生产潜力大，但由于涉及的范围较广，地区间栽培水平差异相对较大；同时有些区域由于其他经济作物的发展，对烤烟有所冲击，如大理漾濞的泡核桃、宾川的葡萄等。今后烤烟生产的方向为要调整生产布局，提高植烟技术水平，积极采用现代化农业手段，实行规范化栽培和科学烘烤，以进一步提高烤烟生产能力。

（四）滇东南烤烟区

滇东南烤烟区是20世纪70年代发展起来的烟区，包括红河州的蒙自市、个旧市、屏边县，文山州的文山市、广南县、西畴县、砚山县、丘北县、马关县、麻栗坡县共10个县（市）。该区位于低山丘陵地带，地势平缓，海拔1100～1692m。多数区域为海拔1300m左右的坝子，多属亚热带气候，为云南省热量资源较丰富的烟区。烤烟大田生长期4～9月均温19.4～21.8℃，7月平均气温20.3～22.9℃，9月下旬气温在18.6℃以上；4～9月降水量897.5mm，日照时数933.4h，日照百分率35%～44%。植烟土壤为石灰性土、红壤、黄壤和紫色土，以石灰性土较多，土质疏松，排水性能好，微酸性至中性，其中以红棕色石灰性土最适宜种植烤烟。该区光热资源丰富，适合多种作物生长，烤烟生产近几年发展迅猛，但生产管理较粗放。今后烤烟生产的方向为要充分发挥自然优势，合理布局，提高生产管理水平。

（五）滇东北烤烟区

滇东北烤烟区位于云贵高原北部，是20世纪60年代逐步发展起来的烟区，主要包括昭通市的昭阳区、鲁甸县、镇雄县、威信县、彝良县、大关县、巧家县和永善县共8个县（区）。烤烟分布在海拔900～2000m，立体气候十分明显，以温带气候为主。烤烟大田期4～9月均温16.8～25.5℃，7月平均气温19.6～26.7℃，9月下旬有的区域气温不足16℃；4～9月降水量712mm，日照时数是全省最少的地区，4～9月为828h左右，日照百分率不足30%。植烟土壤多为黄壤和红壤，河谷地带多为冲积性水稻土，多呈微酸性，土质疏松，排水性能好，适宜烤烟生长。该区自然条件复杂，部分烟区海拔高，气候冷凉，影响烤烟的正常生长和成熟。因山区多，交通不便，耕作粗放，生产技术水平落后，该区烟叶品质欠佳，有待进一步提高。今后烤烟生产的方向为要大力调整布局，把烤烟生产安排在自然条件好、热量足的区域，以避免两头低温，并应用地膜覆盖栽培，提高生产技术水平。

（六）滇西南烤烟区

滇西南烤烟区主要分布在云南省西南部，包括普洱市的墨江县、宁洱县、镇沅县、景东县、景谷县、思茅区，临沧市的临翔区、永德县、凤庆县、云县和耿马县，德宏州的芒市、梁河县、陇川县共 14 个县（区、市）。烤烟分布在海拔 800～1600m，气候以热带气候为主。烤烟大田期 4～9 月均温 20.1～23.9℃，7 月平均气温 20.4～24.5℃，9 月下旬气温多在 20℃以上，是云南省热量最为丰富的地区；4～9 月降水量 1005.3mm，日照时数 915h，日照百分率 35%。植烟土壤多为红壤，其次为黄壤、石灰性土等，酸性至微酸性，肥力中等至较高，有机质较多。该区烤烟生产起步较晚，是 20 世纪 90 年代发展起来的新烟区，多处于北回归线附近，土地资源丰富，气候温暖，雨量充沛，烟叶质量风格特征突出。今后烤烟生产的方向为要以市场为导向，因地制宜，科学规划，加强基础设施建设，提高效益，稳步发展。

第二章　云南优质烤烟的质量特征

烟叶质量是卷烟制品的基础，不仅决定卷烟制品的质量，而且直接影响卷烟制品的风格，以及卷烟加工过程的制造工艺。烟叶品质包括外观质量、物理特性、化学成分、风格特色与可用性等。

第一节　外 观 质 量

云南优质烟叶外观颜色多为橘黄至柠檬黄，完熟至成熟，叶片结构疏松，身份中等，油分多，色度适中。判定烟叶外观质量的主要因素有部位、颜色、成熟度、组织结构、身份、油分、色度、宽度、长度等。外观质量是烤烟分级、收购及工业利用的重要依据。

一、外观质量要素

（一）部位

在大田栽培条件下，烟株封顶后生殖生长受到抑制，主要表现为叶片生长与成熟。由于生长环境存在差异，不同部位烟叶有着不同的外观质量特征。如图 2-1 所示，根据部位，烟叶可分为下部烟叶（X）、中部烟叶（C）、上部烟叶（B）。其中，下部烟叶包括脚叶、下二棚叶；中部烟叶包括上腰叶、正腰叶、下腰叶；上部烟叶包括上二棚叶、顶叶。

1. 下部烟叶

下部烟叶包括脚叶第 1～3 片、下二棚叶第 4～6 片，初烤烟叶重量占比为 18.34%，其中脚叶占比为 7.45%，下二棚叶占比为 10.89%。叶片较薄，脉相较细，突起较少（微露），叶脉角度较大，叶形短宽，叶尖较钝；从叶面感官上看，皱缩一般，颜色偏淡，油分较少，组织结构虽疏松，但手感松弛，嗅香较淡。

2. 中部烟叶

中部烟叶即腰叶第 7～16 片，初烤烟叶重量占比为 54.13%。叶片厚薄适中，脉相稍粗，有突起，叶脉角度较小，叶形长宽状；从叶面感官上看，呈明显的鼓包状皱缩，颜色橘、金黄、正黄，光泽强，油分充足，组织结构疏松且有弹性，手感细腻，嗅香浓郁。

图 2-1 烟株叶位划分

3. 上部烟叶

上部烟叶包括上二棚叶第 17～20 片、顶叶第 21～22 片，初烤烟叶重量占比为 27.93%，其中上二棚叶占比为 20.96%，顶叶占比为 6.97%。叶片较厚，脉相较粗，突起较显露，叶脉角度较小，叶形短窄趋于条状，叶尖较锐；从叶面感官上看，呈折状皱缩，颜色偏深，稍欠光泽，油分低于中部烟叶，组织结构紧密，手感硬实，嗅香焦燥。

（二）颜色及色度

颜色是指烟叶烘烤后的色彩、色泽饱和度和色值状态。柠檬黄是“100%的黄色”；橘黄是“70%的黄色+30%的红色”；红棕是“30%的黄色+70%的红色”。烟叶分级中的基本色包括柠檬黄、橘黄、红棕；非基本色包括青黄、微带青、杂色。依据烟叶色泽饱和度，将色度划分为浓、强、中、弱、淡 5 个档次。

（三）成熟度

成熟度是分级中衡量烟叶品质的中心因素，也是影响卷烟质量的重要因素。优质烤烟要求烟叶成熟度好，其外观特征表现为颜色橘黄、橘红、金黄，色度浓，组织结构疏松，有明显的成熟斑。

（四）组织结构

组织结构是指烟叶细胞排列的疏密程度，划分为四档：疏松、尚疏松、稍密、紧密。优质烤烟要求烟叶组织结构为疏松或尚疏松。

（五）油分

油分是指烟叶组织细胞含有的一种柔软液体或半液体物质，在烟叶外观上表现为油润、丰满、枯燥的程度，是烟叶在一定含水量下人们眼看、手摸有油润或枯燥的不同感觉，可分为四档：多、有、稍有、少。优质烤烟要求烟叶油分为多或有。

（六）身份

身份是指烟叶的厚薄程度，包括烟叶的细胞密度和单位叶面积的重量，可分五个档次：中等、稍厚、厚、稍薄、薄。优质烤烟要求烟叶身份中等。

（七）长度和宽度

长度是指烟叶主脉基部至叶尖的直线量度。烤烟分级标准将叶片长度划分为≥45cm、40～45cm（不含 45cm）、35～40cm（不含 40cm）、30～35cm（不含 35cm）和 25～30cm（不含 30cm）五个档次，以 5cm 为递进梯度。根据不同等级的要求，规定某个等级不低于某个长度。优质烤烟要求烟叶长度为 50～60cm，宽度为 20～30cm。

二、外观质量评价

按照国家标准《烤烟》（GB 2635—1992），云南优质烤烟颜色得分在 7.50～9.50，平均 8.17 分；成熟度得分在 7.00～9.50，平均 8.20 分；组织结构得分在 6.00～9.00，平均 8.12 分；身份得分在 6.00～9.00，平均 7.88 分；油分得分在 4.50～8.50，平均 7.20 分；色度得分在 4.00～8.00，平均 5.80 分（表 2-1）。

表 2-1　云南烟叶外观质量得分（样本数 *N*=56）

指标	最大值	最小值	平均值	标准差	变异系数
颜色	9.50	7.50	8.17	0.51	0.06
成熟度	9.50	7.00	8.20	0.46	0.06
组织结构	9.00	6.00	8.12	0.61	0.08
身份	9.00	6.00	7.88	0.74	0.09
油分	8.50	4.50	7.20	0.79	0.11
色度	8.00	4.00	5.80	0.75	0.13

注：外观质量指标均以 10 分制计分

第二节　物理特性

烟叶的物理特性是与卷烟加工密切相关的因素，主要包括燃烧性、吸湿性、填充性、单位面积重量、含梗率等。

一、物理特性要素

（一）燃烧性

燃烧性是烟叶的重要物理特性之一，包括阴燃性、燃烧速度、燃烧均匀性、燃烧完全性、灰色及凝聚性。判断烟叶燃烧性强弱和完全程度的因素有两个，一是阴燃性，指无明火的燃烧烟叶继续燃烧持火的能力。烟叶阴燃时间在 2s 以下属于熄火烟叶。其中，下部烟叶燃烧快，上部烟叶燃烧慢，中部烟叶居中。二是灰色，白色最好，灰白色次之。

（二）吸湿性

烟叶含有纤维素、糖类、蛋白质、果胶质、有机酸、盐类等亲水性化学成分，加之多孔性，便形成了烟叶的吸湿和散湿特性。同一生态环境条件下的烟叶，质量好则吸湿性强。中部烟叶吸湿性大于上部烟叶，上部烟叶大于下部烟叶。含糖量高的烟叶吸湿性强，如云南、福建烟叶吸湿性强，而河南烟叶吸湿性较弱。

（三）填充性

填充性指单位重量的烟丝在标准压力下的体积，用 cm^3/g 表示。质量好的烟叶填充性弱，质量差的烟叶填充性强。下部烟叶填充性最强，上部烟叶次之，中部烟叶最差。

（四）单位面积重量

单位面积重量指水分平衡后的烟叶单位面积重量，用 g/m^2 表示。

（五）含梗率

含梗率指烟叶中烟梗所占比例，烤烟含梗率一般约为25%。一般下部烟叶含梗率最高，中部烟叶次之，上部烟叶最低。

二、物理特性评价

云南优质烟叶物理特性较好，产区间变化较小，以单叶重、拉力等指标变异相对较大，但各指标变异系数均在 20%以下。中部烟叶的叶面密度为 57.17～107.07 g/m^2，平均 75.82 g/m^2；单叶重为6.10～15.90g，平均 10.25g；平衡含水率为13.17%～14.59%，平均 14.16%；拉力为1.07～2.61N，平均 1.73N；填充值为3.57～4.54 cm^3/g，平均 3.98 cm^3/g；含梗率为25.35%～39.38%，平均 32.09%（表 2-2）。

表 2-2　云南中部烟叶的物理特性（样本数 *N*=56）

指标	最小值	最大值	平均值	标准差	变异系数（%）
叶面密度（g/m^2）	57.17	107.07	75.82	10.15	13.38
单叶重（g）	6.10	15.90	10.25	1.85	18.03
平衡含水率（%）	13.17	14.59	14.16	0.32	2.26
拉力（N）	1.07	2.61	1.73	0.33	18.93
填充值（cm^3/g）	3.57	4.54	3.98	0.21	5.38
含梗率（%）	25.35	39.38	32.09	3.05	9.51

第三节　化 学 成 分

优质烤烟不仅要求各种化学成分含量适宜，还要求各种成分之间的比例协调。卷烟工业企业比较关注的烟叶化学指标主要包括烟碱、总糖、还原糖、总氮、钾、氯含量，以及两糖比、糖碱比、氮碱比、钾氯比等。

一、主要化学成分

（一）烟碱

云南烤烟烟碱含量一般在 1.5%～3.5%，以 2.0%～2.5%较适宜。烟碱含量过低，劲头小，吸食淡而无味；烟碱含量过高，劲头大，吸食时刺激性强。烟碱是在烟株根部合成后向上输送到各部位叶片中的，因此其含量高低受叶位和叶片数影响较大，打顶留叶技术措施会显著影响烟碱的积累与分布。另外，烤烟品种、施肥量、土壤条件、气候条件等均对烟碱含量有不同程度的影响。

（二）总糖和还原糖

云南烤烟总糖含量一般在 15%～35%，适宜含量为 20%～25%；还原糖含量一般在 5%～25%，以 18%～24%为最佳。含糖量过低，刺激性强；含糖量过高，意味着烟叶成熟度不够，烟气呈酸性，产生焦油危害的可能性较大，安全性差。

（三）总氮

云南烤烟总氮含量在 1.5%～3.5%，以 2.5%为宜。含氮化合物太多，则烟气辛辣味苦，刺激性强烈；含氮化合物太少，则烟气平淡无味。

（四）钾

钾是烤烟生长发育必需的营养元素，也是吸收量较大的元素。云南烤烟含钾量一般在 1.5%～3.0%。

（五）氯

适当的氯供给有利于烤烟生长，烟叶含有 0.3%～0.6%的氯比较理想。含氯量小于 0.3%，烟叶干燥粗糙，易破碎，切丝率低；含氯量大于 0.6%，烟叶燃烧性变差，刺激性增大。

（六）氮碱比（总氮/烟碱）

烤烟总氮与烟碱含量的比值称为氮碱比，一般为 0.8～1，以 1 较为合适。两者的比值与烟叶成熟过程中氮素转化为烟碱氮的程度有关。比值较大，说明烟叶成熟不佳，烟气香味较少；比值大于 1 时，烟叶身份趋重，烟味转浓，但刺激性加重。

（七）糖碱比

总糖与烟碱含量的比值称为糖碱比，主要反映烟气的生理强度和醇和度，是评价烟叶吃味的一项重要指标，烤烟糖碱比要求为 6～8，不宜超过 10。若比值过大，超过 15，虽然烟味温和，但劲头小，香气平淡；若比值在 5 以下，烟味强烈，刺激性大，并有苦味。

（八）两糖比

两糖比是指烟叶中还原糖和总糖含量的比值，烤烟一般在 0.8 左右，以大于 0.85 为佳。

（九）钾氯比

氯是会对烟叶燃烧性产生不利影响的元素，而钾则是提高烟叶燃烧性的有利元素，两者含量的比值可以反映烟叶燃烧性的好坏。优质烟叶钾（K）含量应＞2.0%，氯（Cl）含量应＜0.6%。若烟叶 Cl 含量＞1.0%，燃烧速度减慢，＞1.5% 显著阻燃，＞2.0%则黑灰熄火。钾氯比＞1 时烟叶不熄火，＞2 时燃烧性好。钾氯比越大，烟叶的燃烧性越好，烤烟适宜的钾氯比为 4～10。

二、化学指标评价

云南烤烟的香型风格多为清香型，中部烟叶的总糖含量为 19.39%～41.60%，平均 32.16%；还原糖含量为 18.95%～35.93%，平均 28.41%；两糖差（总糖与还原糖含量的差值）为 0.18～11.92 个百分点，平均 3.75 个百分点；总氮含量为 1.26%～2.58%，平均 1.78%；烟碱含量为 0.84%～4.33%，平均 2.18%；氯含量为 0.03%～1.42%，平均 0.23%；蛋白质含量为 6.29%～12.38%，平均 8.75%；施木克值为 1.57～5.98，平均 3.78；糖碱比为 4.79～48.53，平均 16.28；氮碱比为 0.53～1.66，平均 0.85；淀粉含量为 1.66%～11.48%，平均 4.54%；多酚含量为 3.19%～7.60%，平均 4.67%；石油醚提取物含量为 4.05%～7.30%，平均 5.13%；挥发酸含量为 0.15%～0.42%，平均 0.27%；挥发碱含量为 0.07%～0.41%，平均 0.20%；钾含量为 0.81%～2.99%，平均 1.87%；钾氯比为 1.01～58.99，平均 13.68；钙含量为 0.77%～3.82%，平均 2.04%；镁含量为 0.08%～0.90%，平均 0.33%；pH 为 5.21～5.92，平均 5.52（表 2-3）。

表 2-3 云南中部烟叶的化学成分（样本数 N=56）

成分	最小值	最大值	平均值	标准差	变异系数
总糖（%）	19.39	41.60	32.16	4.70	14.62
还原糖（%）	18.95	35.93	28.41	3.64	12.81
两糖差（个百分点）	0.18	11.92	3.75	2.19	58.48
两糖比	1.39	1.06	1.15	0.05	0.04
总氮（%）	1.26	2.58	1.78	0.25	14.07
烟碱（%）	0.84	4.33	2.18	0.59	26.82
Cl（%）	0.03	1.42	0.23	0.21	88.93
蛋白质（%）	6.29	12.38	8.75	1.13	12.94
施木克值	1.57	5.98	3.78	0.94	24.85

续表

成分	最小值	最大值	平均值	标准差	变异系数
糖碱比	4.79	48.53	16.28	6.50	39.91
氮碱比	0.53	1.66	0.85	0.17	19.45
淀粉（%）	1.66	11.48	4.54	1.67	36.75
多酚（%）	3.19	7.60	4.67	0.75	15.98
石油醚提取物（%）	4.05	7.30	5.13	0.59	11.49
挥发酸（%）	0.15	0.42	0.27	0.05	17.66
挥发碱（%）	0.07	0.41	0.20	0.06	28.86
K（%）	0.81	2.99	1.87	0.36	19.54
钾氯比	1.01	58.99	13.68	10.12	73.96
Ca（%）	0.77	3.82	2.04	0.56	27.47
Mg（%）	0.08	0.90	0.33	0.15	46.87
pH	5.21	5.92	5.52	0.12	2.16

第四节　风格特色与可用性

云南烤烟的优质性，不仅表现在香气纯正，香气量足，吃味和余味舒适等方面，还明显地表现在优越的清香型风格，是我国清香型烤烟的典型代表。

一、香气类型及其风格特点

烤烟的香气类型具有明显的地域特征。根据全国各大烟区烤烟的香气风格特点和产地，将其划分为清香型、浓香型和中间香型三种主要香气类型。黄淮烟区生产的烤烟多为浓香型，云贵高原烟区生产的烤烟多为清香型，华中、华南烟区生产的烤烟多为中间香型。

（一）清香型烤烟的香气风格特点

清香型烤烟的香气风格特点是在以烤烟特征香为基本香调的基础上，特别散发出多种花香、清甜香和清新香。清香型烤烟主要化学成分具有的普遍特征是：水溶性总糖含量相对比浓香型烤烟高，糖碱比略高，含氮化合物相对较低。云南烤烟质体色素含量略高，叶绿素降解物植醇（叶绿醇）、新植二烯和植物呋喃类含量相对较高；类胡萝卜素降解物如巨豆三烯酮、β-大马酮、β-马紫罗兰醇、β-紫罗兰酮、二氢猕猴桃内酯、香叶基丙酮等酮类物质含量相对浓香型烤烟略高。另外，云南烤烟的多酚类物质含量较高，特别是芦丁（芸香苷）、绿原酸含量最高，与云南烤烟种植区地处低纬度、高海拔地区有关。云南烟区在烤烟生长期的日照时间长、光照强度大、气候温和、降水较多，为烟株良好的光合作用和丰富的光合产物积累提供了极为有利的条件；由于良好的温度和水分条件，烟株呼吸作用适中，糖分解代谢旺盛；成熟期昼夜温差较大，使得云南烤烟形成可溶性糖代谢较高的特点，糖降解中间产物在烟叶中大量积累。因此，云南烤烟在烟碱含量适中或较高的情况下，糖碱比仍能保持适宜，使烟叶的吃味丰满并具有独特的清香型风格。云南烤烟的糖碱比较高，使烟气在酸碱平衡的基础上略为偏酸，增加了其与其他产区烟叶的配伍性。

根据王彪和李天福（2005）、李天福等（2006）的研究，云南烤烟之所以质体色素和多酚类物质偏高，与其在较强的日光辐射条件下生长密切相关。日光中的蓝紫光和紫外光所占比例较高，生长在云南的烤烟为适应强烈的日光辐射和高能量的蓝紫光与紫外光照射，体内会发生适应性次生代谢，形成较多的抗氧化物，如类胡萝卜素和多酚类化合物，这些化合物的降解产物是清香型烤烟形成的主要原因之一。另外，含糖量较高的烤烟在燃吸时会产生较多的微酸性醛类和酚类化合物，与烟气醇和的清香型风格有关。

（二）浓香型烤烟的香气风格特点

河南等黄淮烟区生产的烤烟是我国浓香型烤烟的典型代表。浓香型烤烟普遍具有浓郁的烤烟特征香，且与清香型烤烟相比，其特征香更接近多种类型烟草所具有的普遍烟草气味。浓香型烤烟的主要化学成分构成与清香型烤烟没有明显不同，但是一些化学成分所占的比例在两者间具有明显的差异。浓香型烤烟可溶性总糖含量较清香型烤烟偏低，但含氮化合物含量相对较高，糖碱比偏低，烟气中偏碱性成分较多。从评吸质量上分析，浓香型烤烟的香气量较高，劲头偏大，烟气显得浓厚但较粗糙。黄淮烟区的烤烟在成熟期多处于高温干旱条件下，这是浓香型烤烟风格形成所需的主要生态条件之一。

（三）中间香型烤烟的香气风格特点

中间香型烤烟的香气风格类型最复杂，种类也最多。因为中间香型烤烟的香气风格介于清香型和浓香型之间，既有较浓的烤烟特征香，又有明显的清新香风格。中间香型烤烟的主要化学成分构成处于清香型和浓香型烤烟之间，明显表现为烟叶化学成分的过渡类型。这类香型烤烟具有较强的香气风格弥合功能，对清香型和浓香型风格烤烟均具有协调功能。

二、清香型风格特色

（一）云南优质烤烟的分布特点

长期的卷烟叶组配方经验表明，云南优质烤烟产地划分主要以海拔为界限，海拔1200～1800m烟区生产的烤烟最具云南优质烤烟的品质特征，主要分布于玉溪市、红河州、文山州、普洱市、曲靖市部分地区、昆明市部分地区、大理州部分地区和保山市部分地区。云南在烤烟成熟期的日平均气温在20～24℃，日较差在8～11℃，全年降水量在700～1100mm，整体气候条件有利于烤烟各类化学成分的协调积累。

（二）云南优质烤烟的品质特征

云南优质烤烟一般含水溶性总糖16%～26%，还原糖14%～24%，两糖差2.5～5个百分点，烟碱1.6%～3.6%，粗蛋白8%～12%。这类烤烟的吸食特征主要表现为：香气量足，香气质为纯正的烤烟香，并带有云南烤烟的清香型特征，劲头稍偏大，刺激性较明显，烟气主要偏碱性、刺激。这类烟叶是烤烟型卷烟的主体烟香来源与主要叶组配方原料。

三、我国云南与津巴布韦烟叶品质特征比较

我国云南与津巴布韦均为低纬高原季风气候，具有干湿季分明、光热资源丰富、雨热同期、降水利用率高等特点。从我国云南与津巴布韦烟叶在中式卷烟重点骨干品牌中的工业使用性评价来看，我国云南烤烟是中式卷烟的主要原料，而津巴布韦烤烟虽然使用比例较少，但其独特的品质一直受到卷烟工业企业的肯定。

（一）外观质量

津巴布韦烟叶颜色纯正，多为柠檬黄至橘黄，与我国云南烟叶较为相近，二者均具有色度较强的特点。但是，津巴布韦烟叶与我国云南多数烟区的烟叶相比，正反面色差较小。津巴布韦烟叶与我国云南烟叶组织结构多为疏松或尚疏松，身份多为中等或稍厚，表面油分多为有或稍有，但津巴布韦烟叶成熟度多为尚熟或成熟，少量欠熟。

（二）化学成分

对我国云南烟叶与津巴布韦烟叶的相似性进行分析发现，我国云南烟叶总糖、两糖差、新植二烯含量和pH明显高于津巴布韦烟叶，而总氮、烟碱、氯、总磷、5-甲基糠醇、6-甲基-5-庚烯-二酮、β-大马酮、二氢猕猴桃内酯、巨豆三烯酮等成分的含量低于津巴布韦烟叶，尤以β-大马酮和巨豆三烯酮差异较大。

津巴布韦烟叶的pH在5.3～5.4；总糖含量在25%左右，还原糖含量在23%

左右。我国云南烟叶的 pH 在 5.5～5.8；总糖含量在 30%左右，还原糖含量在 25%左右，两糖差为 5～8 个百分点。津巴布韦烟叶的糖分分解与转化较完全，形成的酸性物质（等）相对较多，有利于多种香气物质形成。主成分分析显示，我国云南烟叶与津巴布韦烟叶的化学成分差异较大（图 2-2）。

比较津巴布韦烟叶与我国云南烟叶的香气物质发现，津巴布韦烟叶的酯类物质（以二氢猕猴桃内酯为代表）含量高于我国云南烟叶，而我国云南烟叶的烯类物质（以新植二烯为代表）含量高于津巴布韦烟叶。主成分分析显示，我国云南烟叶与津巴布韦烟叶的香气物质差异更大（图 2-3）。

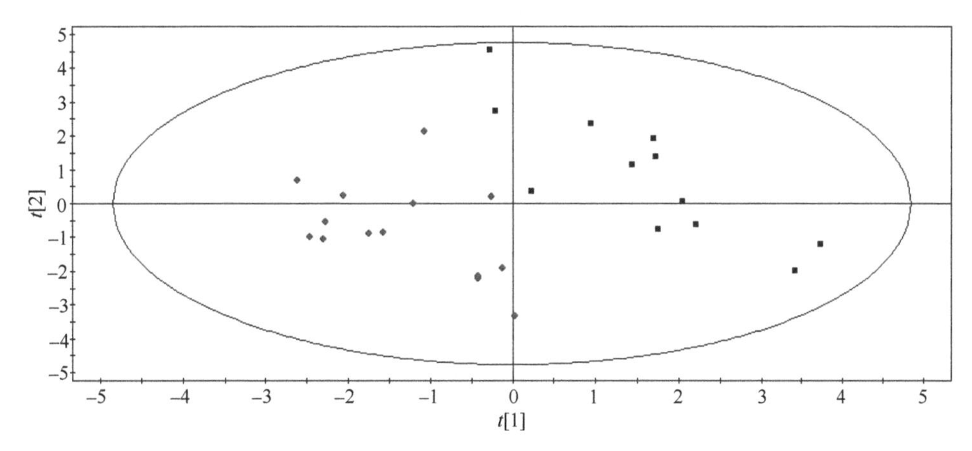

图 2-2　我国云南与津巴布韦烟叶化学成分差异性分析

黑色数据点代表津巴布韦烟叶，红色数据点代表我国云南烟叶。下图同

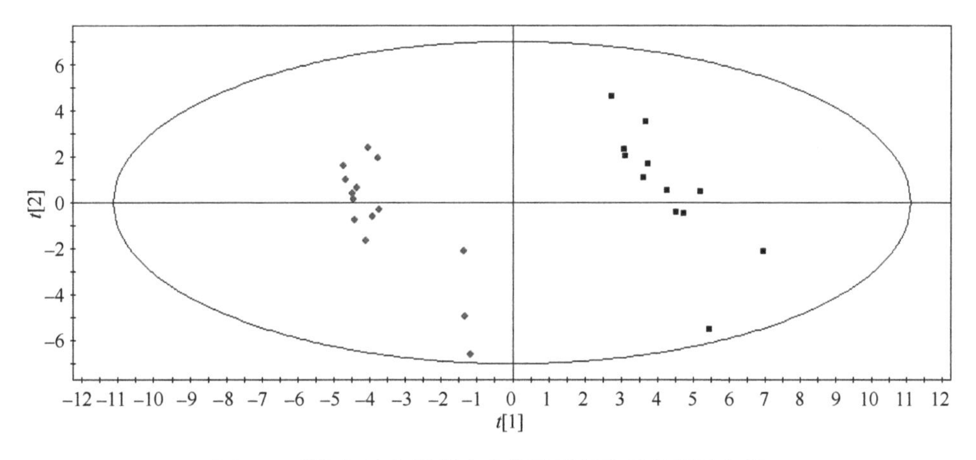

图 2-3　我国云南与津巴布韦烟叶香气物质差异性分析

（三）可用性

从烟叶配方可用性和作用来看，津巴布韦烟叶和我国云南烟叶均作为主料烟使用。我国云南烟叶甜润、香气优雅、清香型特征突出、余味舒适、烟气协调，在配方中所起的作用主要是丰富烟香，协调烟气并增强其柔和细腻感和平滑飘逸感，增加清雅香，提高卷烟档次和品位。津巴布韦烟叶香气量足、浓度高、香气透发，在配方中所起的作用是丰富烟草本香，增强香气透发性和满足感，提高香气韵味（表 2-4）。

表 2-4　我国云南与津巴布韦烟叶香吃味比较（品种：‘KRK26’）

产地	等级	香气质	香气量	杂气	浓度	劲头	刺激性	余味	燃烧性	灰色	合计
马龙德拉（津巴布韦）	X2F	7.0	6.5	7.2	6.9	7.2	7.4	7.2	8.0	7.4	64.8
宾杜拉（津巴布韦）	X2F	6.9	7.0	6.7	7.2	7.8	6.8	6.9	8.0	7.4	64.7
文山（中国）	X2F	7.0	6.6	6.8	6.8	7.2	7.1	7.1	8.1	7.6	64.3
保山（中国）	X2F	6.9	6.9	6.7	7.0	7.7	6.7	7.0	8.0	7.6	64.5
普洱（中国）	X2F	6.6	6.6	6.6	6.8	7.5	7.0	7.0	8.0	7.4	63.5
大理（中国）	X2F	7.0	6.8	6.8	7.0	7.6	6.7	7.0	8.0	7.4	64.3
临沧（中国）	X2F	6.8	6.7	6.6	6.9	7.6	6.9	6.9	8.1	7.4	63.9
德宏（中国）	X2F	6.8	6.7	6.6	7.0	7.4	6.5	6.9	7.9	7.4	63.2
马龙德拉（津巴布韦）	C3F	8.0	7.0	8.0	7.0	8.0	7.0	7.5	8.0	7.5	68.0
宾杜拉（津巴布韦）	C3F	7.6	7.5	7.4	7.7	8.0	6.7	7.1	8.0	7.5	67.5
文山（中国）	C3F	7.4	7.0	7.1	7.1	8.1	6.7	7.1	8.0	7.6	66.1
保山（中国）	C3F	7.4	7.3	7.2	7.4	8.1	6.8	7.1	8.0	7.9	67.2
普洱（中国）	C3F	7.3	6.8	7.2	7.1	8.0	7.0	7.1	8.0	7.4	65.9
大理（中国）	C3F	7.4	7.2	7.1	7.4	8.1	6.7	7.2	8.0	7.5	66.6
临沧（中国）	C3F	7.4	7.2	7.2	7.4	8.0	7.1	7.3	8.0	7.6	67.2
德宏（中国）	C3F	7.2	7.2	7.1	7.3	8.1	6.8	7.1	8.0	7.5	66.3
马龙德拉（津巴布韦）	B2F	7.4	7.6	7.3	8.0	7.3	7.1	7.1	7.9	7.6	67.3
宾杜拉（津巴布韦）	B2F	7.5	7.5	7.3	7.6	7.6	6.9	7.1	8.0	7.5	67.0
文山（中国）	B2F	7.2	7.2	6.9	7.4	7.8	7.2	7.1	8.0	7.5	66.3
保山（中国）	B2F	7.2	7.3	6.9	7.3	7.5	6.8	6.9	8.0	7.6	65.5
普洱（中国）	B2F	7.2	7.0	6.9	7.3	7.9	7.2	7.1	8.0	7.4	66.0
大理（中国）	B2F	7.3	7.3	7.1	7.4	8.0	7.1	7.3	8.0	7.6	67.1
临沧（中国）	B2F	7.3	7.2	7.0	7.5	7.7	7.2	7.1	7.9	7.5	66.4
德宏（中国）	B2F	7.2	7.2	6.9	7.5	7.8	7.0	7.0	7.9	7.7	66.2

注：烟叶香吃味各项指标均以 10 分制计分；X2F 为下桔二，C3F 为中桔三，B2F 为上桔二

第三章　云南植烟土壤性状与改良

土壤是作物生长的基础，良好的土壤环境和质量是优质烤烟生产的前提，植烟土壤的理化性状是决定烟叶品质特色的重要因素之一。云南植烟土壤总体偏酸，土层深厚，土质疏松，排水通气性能好，烟株生根容易而发育健壮。

第一节　土 壤 类 型

云南的土壤种类较多，全省自然土壤有 10 余种，植烟土壤多为红壤、石灰性土、黄壤、水稻土和紫色土。其中，红壤占 50%左右，石灰性土占 20%左右，黄壤和水稻土各占 10%左右，紫色土和其他土类占 10%左右（图 3-1）。红壤大多分布在亚热带、暖温带海拔 600～2200m 的地区。黄壤主要分布在昭通市、丽江市、文山州、红河州等地，在滇东北和滇西分布在海拔 2000～3000m 的区域，在滇南分布在海拔 1200～1500m 的区域。石灰性土在文山州、红河州、曲靖市等地分布较多，有红色、棕色和黑色之分。紫色土（又称羊肝土、羊血土）主要分布在楚雄州一带，占全州土地的 70%以上。水稻土主要分布在坝区，水肥条件较好。

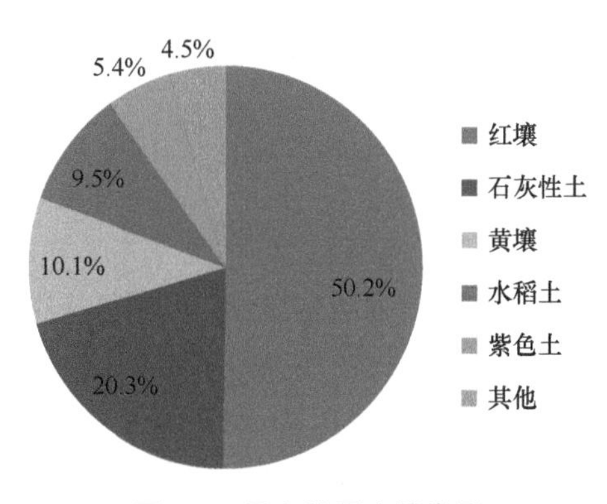

图 3-1　云南植烟土壤类型

一、红壤

（一）分布

云南红壤大多分布在亚热带、暖温带地区，红壤区属中亚热带高原季风气候，冬春干暖，夏秋湿凉，干湿分明，四季如春。红壤区年均气温 13～17℃，≥10℃有效积温为 3500～5500℃，无霜期 240～280 天；年日照时数 2000～2300h，降水量 800～1200mm，蒸发量 2000～2200mm，相对湿度 65%～75%，干燥度 0.7～1.0，很适宜烤烟生产。

作为滇中地区的主要植烟土壤，红壤大多分布在亚热带、暖温带海拔 1300～2600m 的地区，主要包括 25°～26°N 的曲靖市、昆明市、大理州、保山市大部分地区、玉溪市、文山州、红河州、普洱市、临沧市北部、昭通市、丽江市、怒江州南部（图 3-2 和图 3-3）。云南红壤分布面积占全省土地面积的一半，故有“红土高原”“红土地”之称，红壤耕地面积超过 1500 万亩[①]，占全省耕地面积的 1/4 左右。

图 3-2　红壤剖面

图 3-3　红壤种植烤烟

（二）理化性状

云南红壤一般土体深厚，多为砂质黏壤土，风化度较高，黏粒基本上由次生无机铁、铝矿物组成，易胶结成水稳性相当好的类似团粒的假粉砂状结构；疏松多孔，透水、透气性较好，表土粒径＞0.25mm 的总团聚体达 45%～60%，容重较轻，约为 1.3g/cm^3，总孔隙度近 60%，固、液、气三者几乎各占 1/3，故胶而不板、易耕作；土壤 pH 为 5.2～6.1，有机质含量不高，为 10～30g/kg，表土有机质含量

① 1 亩≈666.7m^2。

变幅很大，高者在 1.5%以上，低者不足 1%，随熟化程度提升呈不同下降趋势，土壤速效氮含量为 60～130mg/kg；磷的有效性低，表土全磷含量平均为 0.09%，不同风化壳发育的红壤，表土全磷含量为 0.1%～0.45%，属于中等或偏高水平，无机磷通常占全磷的 3/4 甚至 80%以上，无机磷中能被作物吸收的铝磷（Al-P）和钙磷（Ca-P）复合体所占比例很小，而难被烤烟吸收的铁磷（Fe-P）复合体和闭蓄态磷占 86.7%～94.6%，故红壤有效磷含量特别低，速效磷含量为 5～15mg/kg；速效钾含量多为 70～120mg/kg，钙含量适中，镁、硼含量较低。因此，烤烟可利用的矿质元素一般较少，需要人为施入。

二、黄壤

（一）分布

云南黄壤区属北亚热带湿润气候，水、热状况相对稳定，冬无严寒，夏无酷热，雨量充沛，云雾较多，日照较少，湿度大，干湿不如红壤区分明。黄壤区年均气温 12～15℃，低于红壤区；年降水量多为 1000～1300mm，与蒸发量相当；相对湿度高于红壤区，约为 80%。

黄壤是滇东北的主要植烟土壤，处于红壤地带的山地垂直带谱上，主要分布在昭通市、丽江市、文山州、红河州等温凉地区，滇东北和滇西分布在海拔 2000～3000m 的区域，滇南分布在海拔 1200～1500m 的地区（图 3-4 和图 3-5）。云南黄壤分布面积占全省土地面积的 20%左右，占全省耕地面积的 8.6%。

图 3-4　黄壤剖面

图 3-5　黄壤种植烤烟

（二）理化性状

云南黄壤的特征是“黏、酸、瘦、薄”。多数黄壤的质地较黏重，pH 一般为

4.5～5.5，多呈酸性；脱硅富铝化明显，黏粒以蛭石为主，土层深厚，但有机质含量低（15～30g/kg）、活性弱，影响黄壤肥力发挥；全氮含量一般在 0.2%左右，全磷、全钾含量也比较低，铁铝物质聚集使磷主要以被氧化铁包裹的闭蓄态磷形式存在，大大降低了磷的有效性，而有效性较高的磷酸钙、磷酸铝含量很低；速效氮含量为 60～90mg/kg，速效磷含量为 15～25mg/kg，速效钾含量为 70～100mg/kg，钙、镁含量较高，硼、锌含量较低；碱金属和碱土金属大量流失，土壤阳离子交换量、交换性盐基饱和度都很低。云南黄壤区难以满足优质烤烟生产的较高要求，烤烟种植面积有逐渐减少的趋势。

三、石灰性土

（一）分布

云南石灰性土有红色、棕色和黑色之分，是滇东南重要的植烟土壤，主要分布在文山州、红河州和曲靖市等烟区（图 3-6 和图 3-7）。

图 3-6　石灰性土剖面

图 3-7　石灰性土种植烤烟

（二）理化性状

云南石灰性土是碳酸岩在干旱条件下形成的一类盐基饱和度较高的岩性土壤，主要特征是“土层浅薄、干旱缺水、微量元素缺乏”。石灰性土质地黏重，坡地耕层浅薄，土壤剖面中黏粒含量自上而下逐渐增高；有明显的石灰反应，表土呈中性至微碱性反应，pH 为 7.2～8.1。石灰性土区水利条件差，旱涝威胁大，养分不协调，微量元素缺乏，有机质含量为 10～25g/kg，速效氮含量为 60～120mg/kg，速效磷含量为 10～25mg/kg，速效钾含量为 60～100mg/kg，镁含量丰富，钙含量过高，硼含量较低，富含钙和有机质利于良好结构的形成，故团粒或粒状结构发达。黑色石灰性土全氮、碱解氮含量较高，速效磷含量低，全钾和速效钾偏少，钼、锌、锰、铜、铁等含量都在烤烟缺素临界值以下；红色石灰性土除钾含量较高外，氮含量比黑色石灰性土低，严重缺磷，有效硼、钼、锌、锰等都缺乏。因此，在石灰性土上植烟时须抓好烟水配套工程建设，不可单施氮肥而忽略磷、钾肥的合理搭配，以及有机肥的施用，否则会造成土壤板结。

四、紫色土

（一）分布

紫色土又称羊肝土、羊血土，是滇西主要的植烟土壤，也是云南生产烤烟的主要土壤类型之一，主要分布在楚雄州一带，占全州土地的70%以上（图3-8和图3-9），占全省土地的9.21%，占全省旱地的12.13%。

图 3-8　紫色土剖面

图 3-9　紫色土种植烤烟

（二）理化性状

云南紫色土属区域性土壤，特征是“土层浅、磷钾丰富、干旱”。多数紫色岩物理风化强烈、松脆、易崩解、成土快，紫色土通体夹半风化紫色岩块、碎屑，土壤黏粒含量明显低于红壤，但黏粒硅铝率明显高于红壤，故质地较黏重、胶体性质好、阳离子交换量大、代换能力强，交换性盐基饱和度和阳离子交换量较红壤高；通气透水性能良好，但土层薄，土壤侵蚀严重，蓄水能力差。云南95%以上的紫色土pH为5.5～6.7，适宜种植烤烟，酸性紫色土pH比红壤高，但pH在8.0以上的紫色土面积不到5%。紫色土化学风化较弱，自然肥力高，全磷含量最高可达 0.32%，全钾含量最高可达 4.35%，有机质含量为 6～20g/kg，全氮含量为 70mg/kg，速效氮含量为 50～80mg/kg，速效磷含量为 20～30mg/kg，速效钾含量为 150～230mg/kg，钙、镁、铜、锰、铁等含量也较高，但硼、锌、钼含量较低。可见，紫色土潜在肥力较高，pH 适合烤烟种植，但紫色泥岩和紫色砂岩都属透水岩层，故紫色土区多为旱区，须抓好烟水配套工程建设。

五、水稻土

（一）分布

水稻土也是云南主要的植烟土壤之一，在全省坝区和半山区均有分布，主要分布于海拔 1300～1700m 的地区，全省总面积超过 1100 万亩（图 3-10 和图 3-11）。

图 3-10　水稻土剖面

图 3-11　水稻土种植烤烟

（二）理化性状

云南水稻土也是区域性土壤，多为砂质壤土；pH 为 6.5～7.7，多呈中性至微碱性；有机质、氮、磷、钾和微量元素均富集在耕作层，导致耕作层含量高于心土层，肥力较高，黏性大，盐基饱和度在 70%以上，有的甚至达到 100%；有机质含量为 15～35g/kg，速效氮含量为 80～160mg/kg，速效磷含量为 20～60mg/kg，速效钾含量为 60～130mg/kg，钙、镁含量较高，氯含量较低。水稻土在淹水过程中既有复盐基作用，也有缓渗、淋洗、淀积作用，有机质、氮含量均处于较高水平，因盐基饱和度高、阳离子交换量大，所以植烟水稻土一般对施肥的要求比植烟山地土要高。此外，水稻土多位于坝区的低洼地段，排水不易，易浸水或遭受涝害，抓好排水设施建设对这一类型植烟土壤非常必要。

第二节 土壤质量

土壤质量是综合表征土壤维持生产力、环境净化能力，以及保障动植物健康能力的量度。土壤质量主要包括三个方面：土壤肥力质量——土壤为植物提供养分和生产生物物质的能力，是烤烟生产的根本保障；土壤环境质量——土壤容纳、吸收和降解各种环境污染物质的能力；土壤健康质量——土壤影响和促进人类与动植物健康的能力。

一、优质烤烟生产要求的土壤质量

优质烤烟的生产离不开良好的土壤质量。根据我国烟区土壤条件，生产优质烤烟的土壤应具备以下质量。

（一）适宜的 pH

土壤 pH 是影响烤烟生产的一个重要土壤因素。普遍认为，烤烟适宜的土壤 pH 为 5.5～6.5。根据我国植烟土壤实际情况，适宜的植烟土壤 pH 最高可以到 7.0。我国目前的植烟区域中，土壤 pH 在该范围内的占 42%左右。

（二）良好的结构

美国 Collins 和 Hawks（1993）认为，最适宜的植烟土壤是砂壤土和壤砂土。根据美国土壤分类标准，砂壤土砂粒含量为 50%～70%，粉粒含量为 0～50%，黏粒含量为 15%～20%；壤砂土砂粒含量为 70%～85%，粉粒含量＜20%，黏粒含量为 10%～15%。可见优质烤烟生产中，首先要选择含砂量在 50%以上的土壤。我国植烟土壤中，还有部分发育不完全的土壤，如粗骨土、紫色土等，也属于较好的植烟土壤。具有良好结构的植烟土壤，其容重应为 1.2～1.3g/cm^3，土壤孔隙度为 40%～50%。

（三）良好的生物活性

土壤生物活性包括土壤微生物数量和土壤酶活性。土壤中生活的微生物在土壤生物循环、土壤肥力维持和环境保护中具有重要作用。

（四）安全的环境

植烟土壤质量应达到《土壤环境质量　农用地土壤污染风险管控标准（试行）》

（GB 15618—2018）中二级以上农田环境质量标准。若土壤中的主要重金属含量达到二级标准，则酸性土壤（pH＜6.5）镉（Cd）和汞（Hg）＜0.3mg/kg，铅（Pb）和水田铬（Cr）＜250mg/kg，旱地铬＜150mg/kg，水田砷（As）[①]＜30mg/kg，旱地砷＜40mg/kg；中性土壤（pH 为 6.5～7.5）镉＜0.6mg/kg，汞＜0.5mg/kg，铅和水田铬＜300mg/kg，旱地铬＜200mg/kg，水田砷＜25mg/kg，旱地砷＜30mg/kg。

（五）养分供应平衡

我国植烟土壤适宜的养分范围应为：有机质 15～25g/kg，速效氮 60～120mg/kg，速效磷 10～20mg/kg，速效钾 150～220mg/kg，中微量元素在临界值以上（表 3-1）。

表 3-1　优质烤烟生产适宜养分范围

指标	适宜范围	指标	适宜范围
有机质	15～25g/kg	交换性钙	4～6cmol/kg
速效氮	60～120mg/kg	交换性镁	0.8～1.6cmol/kg
速效磷	10～20mg/kg	有效锌	0.5～1.0mg/kg
速效钾	150～220mg/kg	有效硼	0.5～1.0mg/kg

二、植烟土壤质量评价

近年来，我国学者利用实测数据和模型对北方潮土、黑土及南方水稻土和东部地区近 20 年耕作土壤的有机碳变化进行了较多研究，揭示出除东北地区有所下降外，其他地区有机碳总体呈上升趋势。我国于 20 世纪 80 年代中期完成全国第二次土壤普查，20 多年来土壤质量发生了根本变化，表现为土壤有机质含量提高，氮、磷养分含量上升，酸化明显。根据植烟土壤养分调查结果，王树会等（2006a，2006b）、张晓海（2010）系统分析了云南烟区的土壤质量状况，并与其他烤烟主产区进行了比较。

（一）土壤 pH

土壤 pH 是影响烤烟生产的一个重要因素。烤烟最适宜的土壤 pH 为 5.5～6.5，适宜的土壤 pH 为 5.5～7.0。我国主要植烟土壤中呈酸性的占 21%，处于适宜范围的占 42.5%，还有 36.5%的土壤 pH 大于 7.0。

云南植烟土壤 pH 为 4.1～8.7。其中，小于 5.5 的占 15.4%，处于 5.5～7.0 适宜范围的占 45.4%，处于 7.0～7.5 略偏碱的占 14.0%，高于 7.5 的占 25.2%。同属

① 砷（As）虽为非金属，但因具有金属性，本书将其归于重金属一并统计。

西南烟区的贵州，其烟叶主要为中间香型，植烟土壤pH为4.4～8.8，与云南植烟土壤pH总体分布较相似。其中，小于5.5的占14.4%，处于5.5～7.0的占51.2%，处于7.0～7.5的占14.8%，高于7.5的占19.6%。浓香型烟叶代表产区河南的植烟土壤pH为5.4～8.7，分布状况与云南植烟土壤差异明显。其中，处于5.5～7.0的占17.3%，处于7.0～7.5的占24.9%，高于7.5的占57.7%，偏碱性土壤比例最大，合计82.6%（表3-2）。

表3-2　云南与其他主产区植烟土壤的pH分布　　（%）

产区	<5.5	5.5～7.0	7.0～7.5	>7.5
云南	15.4	45.4	14.0	25.2
贵州	14.4	51.2	14.8	19.6
河南	—	17.3	24.9	57.7
全国	21.0	42.5	36.5	—

注：“—”表示此处无数据

（二）土壤有机质

根据植烟土壤养分普查结果，我国植烟土壤有机质含量比较丰富。其中，有机质含量低于15g/kg的土壤占全部植烟土壤的17.1%，介于15～25g/kg的占30.5%，52.4%的植烟土壤有机质含量超过25g/kg而偏高（表3-3）。烟株生长后期，由于有机质的矿化，土壤氮素供应过量，导致烟叶贪青晚熟，不容易正常落黄。土壤有机质含量高的烟区注意控制烤烟氮供给，施用有机肥时也必须注意使用充分腐熟的优质有机肥。

表3-3　云南与其他主产区植烟土壤的有机质分布　　（%）

产区	<15g/kg	15～25g/kg	>25g/kg
云南	10.5	32.5	57.0
贵州	4.0	33.9	62.1
河南	77.4	22.1	0.5
全国	17.1	30.5	52.4

云南57%的植烟土壤有机质含量大于25g/kg，其中又以中部和西北部部分区域含量较高。贵州植烟土壤有机质含量分布与云南相似，而河南则超过77%的植烟土壤有机质低于15g/kg。

（三）土壤速效氮

陈萍等（2011）研究表明，烤烟在生育期吸收的养分超过50%来源于土壤。

土壤速效养分含量的高低对烟叶质量有一定的影响，受耕作、栽培等生产管理措施影响较大，也是土壤诸多性状中变化较快的因素。理想的植烟土壤应该是本身不提供或尽可能少提供氮素营养。我国植烟土壤速效氮的总体状况表明，有 50.3%的土壤速效氮含量小于 65mg/kg，有 35.9%的土壤高于 100mg/kg（表 3-4），其中接近 20%的土壤超过 150mg/kg。

表 3-4　云南与其他主产区植烟土壤的速效氮分布　　（%）

产区	＜65mg/kg	65～100mg/kg	＞100mg/kg
云南	15.9	24.0	60.1
贵州	3.9	15.8	80.4
河南	72.0	25.9	2.1
全国	50.3	13.8	35.9

云南植烟土壤速效氮平均含量为 112.8mg/kg，属于含量较高的区域，土壤自身供氮能力较强，需加强调控。

（四）土壤速效磷

我国植烟土壤有 28.7%速效磷（P_2O_5）含量低于 10mg/kg，属于缺磷土壤；另有 33.2%的土壤速效磷含量在 10～20mg/kg；磷丰富的土壤仅占 38.1%（表 3-5）。云南植烟土壤速效磷含量相对较丰富，人于 20mg/kg 的上壤占到 53.2%，高于同属西南烟区的贵州和浓香型烤烟代表产区河南。

表 3-5　云南与其他主产区植烟土壤的速效磷分布　　（%）

产区	＜10mg/kg	10～20mg/kg	20～40mg/kg	＞40mg/kg
云南	18.5	28.3	32.9	20.3
贵州	32.7	35.8	23.9	7.6
河南	38.7	46.4	13.4	1.5
全国	28.7	33.2	26.4	11.7

（五）土壤速效钾

烤烟属于喜钾作物，钾对烤烟的正常生长和品质形成至关重要。因此，对植烟土壤速效钾含量进行正确评价和有针对性地施用钾肥对生产优质烤烟有重要意义。根据土壤分析结果，我国有 63.1%的植烟土壤速效钾含量低于 150mg/kg 的临界水平。其中，有 19.6%属于极度缺钾土壤，含量低于 80mg/kg，平均含量仅 57.5mg/kg；另有 43.5%属于缺钾土壤（表 3-6）。

表 3-6　云南与其他主产区植烟土壤的速效钾分布　(%)

产区	<80mg/kg	80～150mg/kg	150～220mg/kg	220～350mg/kg	>350mg/kg
云南	13.5	30.7	22.1	21.3	12.4
贵州	16.1	44.4	26.3	11.6	1.5
河南	8.1	42.7	34.3	14.3	0.6
全国	19.6	43.5	24.8	10.8	1.3

云南植烟土壤钾含量丰富的约占 1/3，缺钾土壤占 44.2%。土壤缺钾仍然是制约云南优质烤烟生产的主要因素之一。

（六）土壤交换性钙和镁

云南植烟土壤轻度缺钙和镁，缺钙土壤所占比例约为 15%，而缺镁土壤所占比例略高于缺钙土壤。但只要适量补充，基本不会出现缺乏现象（表 3-7 和表 3-8）。

表 3-7　云南与其他主产区植烟土壤的交换性钙分布　(%)

产区	<4cmol/kg	4～6cmol/kg	6～10cmol/kg	>10cmol/kg
云南	14.4	16.2	21.0	48.4
贵州	13.5	16.5	29.2	40.8
河南	0.1	0.8	12.3	86.7
全国	20.5	17.3	25.3	36.9

表 3-8　云南与其他主产区植烟土壤的交换性镁分布　(%)

产区	<0.8cmol/kg	0.8～1.6cmol/kg	1.6～3.2cmol/kg	>3.2cmol/kg
云南	15.8	23.6	16.1	44.5
贵州	23.5	31.8	25.1	19.6
河南	0.4	18.0	55.9	25.6
全国	36.6	27.4	23.2	12.8

（七）土壤有效硼和锌

根据全国第二次土壤普查结果，我国土壤更容易出现锌和硼的缺乏。植烟土壤养分普查结果表明，我国有 4.4%的植烟土壤极缺或缺锌，另有 20.8%的土壤有效锌含量在临界范围，74.7%的土壤有效锌含量比较高。我国植烟土壤有效硼含量严重不足，有 87.9%属于缺硼土壤，其中有 34.5%有效硼含量极低。

云南植烟土壤中缺锌的比例小于 5%（表 3-9），一般不会出现缺锌。但有 75.1%的土壤缺硼，且约有 1/3 属于极缺（表 3-10），烤烟种植中需要注意补充硼肥。

表 3-9　云南与其他主产区植烟土壤的有效锌分布　（%）

产区	＜0.3mg/kg	0.3～0.5mg/kg	0.5～1.0mg/kg	1.0～3.0mg/kg	＞3.0mg/kg
云南	1.9	2.7	14.0	32.8	48.5
贵州	0.6	1.5	16.5	72.1	9.4
河南	0.7	12.9	44.9	36.5	5.0
广西	0.7	3.7	20.8	65.6	9.2

表 3-10　云南与其他主产区植烟土壤的有效硼分布　（%）

产区	＜0.2mg/kg	0.2～0.5mg/kg	0.5～1.0mg/kg	＞1.0mg/kg
云南	35.6	39.5	22.3	2.6
贵州	38.4	41.5	19.3	0.8
河南	33.7	51.3	14.9	0.1
全国	34.5	53.4	11.2	0.9

第三节　我国云南与国外优质烟区植烟土壤比较

通过比较我国云南和美国及津巴布韦烟区土壤的主要养分状况，可为云南烤烟合理施肥和植烟土壤改良提供参考。北卡罗来纳是美国烤烟种植面积和产量最大的州，而津巴布韦所产烟叶深受国内卷烟工业企业青睐。

一、我国云南与美国北卡罗来纳植烟土壤比较

（一）土壤 pH

美国北卡罗来纳 94%的植烟土壤 pH 分布在 5.0～6.5，只有 6%的土壤 pH 低于 5.0 或高于 6.5，其中 pH 在 5.5～6.5 这一烤烟生长最适范围的土壤占到 74%。与之相比，我国云南植烟土壤 pH 在 5.5～7.0 的只占 45.4%，而 pH 低于 5.5 或高于 7.0 的土壤分别占 15.4%和 39.2%（表 3-11）。土壤 pH 不适宜是影响云南优质烤烟生产的主要原因之一。

表 3-11　我国云南和美国北卡罗来纳植烟土壤 pH 比较

北卡罗来纳土壤 pH	比例（%）	云南土壤 pH	比例（%）
5.0～5.5	20.0	＜5.5	15.4
5.5～6.0	47.0	5.5～7.0	45.4
6.0～6.5	27.0	7.0～7.5	14.0
＜5.0 和＞6.5	6.0	＞7.5	25.2

（二）土壤有机质

有机质是表征土壤供氮能力的重要指标，国外多采用有机质含量来衡量土壤的供氮能力。美国北卡罗来纳植烟土壤有机质含量较低，65%的土壤有机质含量低于 7.5g/kg，其中 42%低于 5.0g/kg，属于供氮能力极低的土壤。生长在这种土壤上的烟株，氮素供应易于调控。我国云南植烟土壤仅有 10.5%的有机质含量低于 15.0g/kg，55%以上有机质含量高于 25.0g/kg（表 3-12）。由于土壤有机质含量较高，在烟株生长后期控制氮素供应比较困难。但并非土壤有机质越少越好，美国烤烟在种植期间灌溉有保障，因此可以种植在砂性非常强的土壤上，对土壤的保水、保肥性能要求不高。而我国烤烟种植区包括云南烟区在烤烟生长过程中一般没有灌溉，因此要求土壤具有一定含量的有机质，以保障土壤具有较好的结构和良好的通透性及保水性。

表 3-12 我国云南和美国北卡罗来纳植烟土壤有机质比较

北卡罗来纳土壤有机质（g/kg）	比例（%）	云南土壤有机质（g/kg）	比例（%）
2.5～5.0	42	<15.0	10.5
5.0～7.5	23	15.0～25.0	32.5
>7.5	30	>25.0	57.0

（三）土壤速效磷和速效磷钾

我国与美国土壤速效磷和速效钾的测定方法存在差异，无法直接用测定值来衡量植烟土壤磷和钾的供应能力。因此，采用各自土壤速效磷和钾的评价标准，将测定结果划分为高、中、低三个等级后进行比较。从土壤供磷能力来看，北卡罗来纳植烟土壤属于高、中和低等级的比例分别为 71.0%、21.0%和 8.0%，云南植烟土壤只有 18.5%供磷能力属于低等级，供磷能力高的土壤占 53.2%，供磷能力中的土壤占 28.3%。而在土壤供钾能力上，云南供钾能力低的土壤占比小于北卡罗来纳，供钾能力高的土壤占比远高于北卡罗来纳，云南土壤供钾能力总体上优于北卡罗来纳（表 3-13）。

表 3-13 我国云南和美国北卡罗来纳植烟土壤速效磷、速效钾比较 （%）

等级	速效磷不同等级比例		速效钾不同等级比例	
	北卡罗来纳	云南	北卡罗来纳	云南
低	8.0	18.5	37.0	34.2
中	21.0	28.3	49.0	22.1
高	71.0	53.2	14.0	43.7

综上所述，我国云南植烟土壤养分状况与美国北卡罗来纳相比，pH 偏低和偏高的土壤占比较大，有机质含量相对偏高，供磷能力相似，但供钾能力较强。

二、我国云南与津巴布韦植烟土壤比较

根据调查分析，津巴布韦土壤具有土质疏松、肥力较低、吸附能力较差、磷和硫普遍缺乏、严重缺镁和钙的特点。津巴布韦植烟土壤 pH 在 5.370～7.060，平均为 6.371，属微酸性土壤；有机质含量较低，平均为 12.99g/kg；氮、磷平均含量较低，碱解氮仅为 49.776mg/kg，速效磷为 20.104mg/kg；全钾含量高，但速效钾含量相对较低，平均为 90.801mg/kg；阳离子交换量较低，平均为 2.714cmol/kg，钾、钙、镁等离子易流失，硫元素普遍缺乏（表 3-14）。

表 3-14　津巴布韦植烟土壤理化性状（样本数 *N*=14）

理化指标	最低值	最大值	平均值	标准差
pH	5.370	7.060	6.371	0.414
有机质（g/kg）	6.70	19.40	12.99	3.88
阳离子交换量（cmol/kg）	1.150	5.350	2.714	1.157
容重（g/cm^3）	1.170	1.500	1.354	0.102
全氮（%）	0.029	0.088	0.059	0.021
全磷（%）	0.015	0.045	0.027	0.011
全钾（%）	0.891	4.462	3.285	1.098
碱解氮（mg/kg）	26.700	74.760	49.776	15.529
速效磷（mg/kg）	2.990	51.500	20.104	15.709
速效钾（mg/kg）	31.910	176.810	90.801	37.348
氯离子（mg/kg）	5.530	31.160	11.811	7.302
有效硼（mg/kg）	0.124	0.508	0.265	0.111
有效硫（mg/kg）	0.070	16.300	3.372	4.218
交换性钙（mg/kg）	0.000	800.930	222.360	216.825
交换性镁（mg/kg）	5.480	124.850	48.333	40.067
有效铜（mg/kg）	0.040	2.910	0.636	0.821
有效锌（mg/kg）	0.460	1.720	0.917	0.391
有效铁（mg/kg）	5.130	54.630	18.792	11.801
有效锰（mg/kg）	13.980	49.480	26.815	11.636

我国云南植烟土壤与津巴布韦相比阳离子交换量明显较高，有机质、全氮、全磷、有效硼含量均高于津巴布韦，说明云南烟区土壤供肥能力强于津巴布韦。

第四节　植烟土壤改良

随着生产水平提高，植烟土壤长期大量施用化肥，少施或不施有机肥，因而在烤烟大田生长季封闭性强，通透性差，碳氮比失调，腐殖质含量低，最终板结紧实。复种指数较高的地区，往往采用免耕移栽，致使烤烟根系发育不良，尤其是侧根较少。如果长期不向土壤添加有机质，是较难维系植烟土壤肥力和生产力的。为保护土地资源甚至人类生存环境，必须利用有机物参与农业生态系统的物质循环、再利用和培肥土壤，以维持土壤生态的自然循环和平衡，这是农业可持续发展的关键。国外采用种植绿肥、掩青牧草的方法改良土壤，所产烟叶品质优良。我国人均耕地少，难以采取烟田与绿肥轮作的烤烟种植制度，但可以利用烤烟与前作的换季空间，采取秸秆还田或种植绿肥等措施进行土壤改良。

一、土壤理化性状改良

（一）深耕

云南主要植烟土壤有红壤、黄壤、紫色土等，由于耕层浅薄、土质黏重、通气透水性能不良，尤其需要深耕，深耕深翻有利于提高土壤通透性、贮水能力和肥力。据张晓海和蔡寒玉（2006）试验，与传统耕作相比，烟田深耕 30～40cm 能最大限度地疏松土壤、有效破除紧实的“犁底层”、加厚活土层、增加土壤孔隙度、改善土壤通透性，为烟株根系深扎创造良好条件。实践证明，对耕层较薄的植烟土壤采用机耕深翻、旋耕碎垡的方式逐年深耕 5～10cm，对提高烟叶产量和品质具有明显作用；3～5 年未进行深耕的烟田更应在起垄前进行深耕改良。

云南烟区在小春收获后，应及时组织农机专业队进行机械化深耕深翻（图 3-12），耕翻深度要求达到 20～30cm，以改善土壤理化性状，熟化土壤，提高土壤肥力，减少病虫害。

1. 提高土壤通透性

烟田深耕的第一个明显效应是疏松土壤，加厚松土层，改善土壤中固、液、气三相比例，降低土壤容重和增加土壤孔隙度。研究表明，未耕作的红壤紧实土层容重为 1.32～1.39g/cm^3，孔隙度为 46%～49%，经深耕的土层容重降低，孔隙度提高到 59.8%。“深耕 30cm”“深耕 30cm 并盖膜”“垄沟深松” 3 种深耕方式均可改善烟株旺长期垄上不同深度土层的容重、孔隙度（表 3-15 和表 3-16）。可见，烟田深耕能大大提升土壤通透性。

图 3-12　机械深耕

表 3-15　不同深耕方式对烟株旺长期土壤容重的影响　(g/cm³)

耕作方式	土层厚度（cm）			
	0～10	10～20	20～30	30～40
常规耕作	1.23	1.32	1.36	1.39
深耕 30cm	1.21	1.30	1.38	1.40
深耕 30cm 并盖膜	1.20	1.26	1.26	1.36
垄沟深松	1.28	1.22	1.36	1.36
半免耕	1.32	1.29	1.37	1.40

注：常规耕作是指深耕 15cm 耙平后起垄；深耕 30cm 并盖膜是指深耕 30cm 耙平后起垄盖地膜；垄沟深松是指深耕 15cm 后对垄沟进行深松；半免耕是指不翻耕耙地起垄，直接打塘移栽；下表同

表 3-16　不同深耕方式对烟株旺长期土壤孔隙度的影响　(%)

耕作方式	土层厚度（cm）			
	0～10	10～20	20～30	30～40
常规耕作	52.8	52.6	48.5	48.4
深耕 30cm	54.8	52.8	48.5	45.6
深耕 30cm 并盖膜	55.4	54.8	54.2	49.7
垄沟深松	55.9	54.9	49.6	49.8
半免耕	52.0	52.1	48.9	49.6

2. 提高土壤贮水能力

深耕使土壤耕层变深、下方紧实土层变松碎、孔隙度变大，故降水或灌溉时地表水能快速、大量下渗形成土壤水，因此降水冲刷土壤的力度减轻、时间缩短，地表径流和土壤流失均减少；另外，疏松、深厚的土壤表层可大大削弱毛管水的上升、降低水分蒸发量和蒸发速率。所以，深耕可增强土壤接纳灌溉水和自然降水的能力（即容水量增加）、减少土壤水蒸发，因此含水量提高，蓄水、保墒能力增强（表 3-17）。研究表明，土壤耕层由 15cm 加深到 30cm 时，平均每亩土壤可多蓄水 30m^3 以上，耕作层水分入渗量可由浅耕的 5.5mm/h 增加到深耕的 7.8mm/h，0～100cm 深土层的最大蓄水量可增加 40%左右。烟田深耕可有效增加土壤蓄水，而秋耕碎垡、切断土壤毛细管使植烟土壤不仅有效接纳了秋季降水，而且减少了地表蒸发，0～10cm 深度土壤含水量可提高 6.38%，0～20cm 土层含水量能提高 21.25%。

表 3-17 烟田深耕与浅耕对土壤含水量的影响 (%)

耕作方式	移栽后 5 天		移栽后 20 天		移栽后 35 天		移栽后 50 天		移栽后 60 天	
	10cm 土层	20cm 土层	10cm 土层	20cm 土层	10cm 土层	20cm 土层	10cm 土层	20cm 土层	10cm 土层	20cm 土层
深耕 30cm	11.22	12.45	13.33	13.76	18.51	18.60	31.82	36.99	29.48	27.25
浅耕 15cm	10.05	11.34	12.42	12.58	16.29	16.62	25.46	14.74	14.12	13.34

3. 提高土壤肥力

土壤按熟化程度可分为“死土（即生土）”“活土”“油土”，“死土”没有种植或生长过植物，肥力很低；“活土”较疏松，含一定有机质，肥力中等，能为作物提供水分和养分；“油土”肥沃，有机质较多，能充分供给水分和养分。深耕可提高土壤肥力的原因有两个：第一，深耕有效打破了“犁底层”，加深了耕作层，提高了土壤的通透性，土壤的蓄水性能增强，好氧性微生物活动增强，从而加快迟效性养分向速效性养分转化，使土壤耕层速效性养分增加；第二，烟田秋季深耕可结合有机肥施入进行，土肥相融后，将原来“犁底层”的“生土”变为“活土”，将土壤表层的“活土”变为“油土”，土壤团粒结构增强，肥力提高。所以，深耕通过促进土壤微生物活动并与施肥结合，能有效提高植烟土壤的供肥、保肥能力。

（二）秸秆还田

有机肥肥效缓慢，单纯施用有机肥或有机物易造成植烟土壤的氮（N）供应“前轻后重”，使烤烟在前期生长缓慢而在后期贪青晚熟。稻草等作物秸秆含有丰富的有机质和烤烟所需的各种营养元素，还田后能最有效地增加土壤有机质含量，使腐殖质含量高达25%～50%，从而为烟株提供碳（C）源和为土壤微生物提供养料，可明显改善土壤通透性，增加水稳性团粒数量和土壤保水、保肥能力，并提升土壤酶活性，同时提高速效养分尤其是速效氮含量，使土壤硝态N供应“前高后低”，并减少土壤中烤烟根茎性致病菌数量。相关研究表明，高C/N秸秆还田与地膜覆盖能协调烤烟生长全程的土壤温度，减少地温日变化幅度，提升土壤蓄水保墒能力和促进有机质积累，加强腐殖化作用，从而使烟叶内在化学成分比例更协调，产值提高（李正风等，2006）。

秸秆还田可结合深耕进行，具体方式有多种，如将鲜稻草切成2～3段后均匀撒在田间，用旋耕机将其与土混合，约1个月后进行翻耕晒垡，同时适量施用石灰以中和稻草分解产生的有机酸并加快稻草腐解；再如将小麦秆或玉米秆切成1～2cm的小段或用30～50目饲料粉碎机打成秆糠后均匀撒在田间，再翻耕与整地起垄（图3-13和图3-14）。稻草和小麦秆的施用量：地烟为400～600kg/亩，田烟为600～800kg/亩；玉米秆的施用量：地烟为300～500kg/亩，田烟为500～700kg/亩。

图3-13　秸秆还田

图3-14　秸秆翻压

（三）调节土壤pH

调节pH可促进土壤中NH_4^+-N转化为NO_3^--N，降低交换性Fe、Al和有效Mn含量，放线菌、好气性纤维素分解菌、亚硝化细菌明显增多，真菌减少，使烟株的肥料利用率提高，早生快发，根系发达，有效叶片数增加，抗病性增强。

调节土壤pH常用石灰或白云石粉[主要成分是碳酸钙镁，$CaMg(CO_3)_2$]，通常耕前撒施50%，耕后理墒前再撒施50%。石灰用量一般为60～150kg/亩，白云石粉用量为100kg/亩。土壤pH在4.0以下，石灰用量为150kg/亩；pH为4.0～5.0，石灰用量为130kg/亩；pH为5.0～6.0，石灰用量为60kg/亩；pH在6.0以上，可不施用石灰（图3-15和图3-16）。

图 3-15 撒施石灰

图 3-16 撒施石灰后理墒

石灰用量过多会影响烟株吸收 K、Mg，并引起烟株缺 B，同时土壤有机质矿化加强，后期供 N 能力提高，妨碍烟叶成熟落黄。石灰的施用效果滞后，因此通常隔年施用。白云石粉中和土壤 pH 的能力较缓和、持久，并有缓解烟株缺 Mg 症的功效，能避免大量施用石灰造成的 Ca^{2+}、K^{+}和 Mg^{2+}拮抗与土壤板结等弊端。

（四）地表保护性栽培

烤烟地表保护性栽培的典型做法是对烟田地面进行秸秆覆盖或在烟墒表面种植大爪草等矮秆绿肥，该措施具有增温保湿作用，并可避免雨水直接冲击地表造成土壤板结，同时可促进烟株早生快发（图 3-17）。地表覆盖的秸秆经历一个烤烟生长季的日晒、风吹、雨淋和微生物分解后，处于半腐解状态，烟叶采收后被翻耕到土壤中，能很快完全腐解。绿肥也可被翻耕到土壤中腐解，达到与秸秆还田类似的效果。

图 3-17 秸秆覆盖栽培

（五）施用土壤改良剂

土壤改良剂又称土壤调理剂。凡主要用于改良土壤物理、化学和生物性状，使其更适宜植物生长，而不是主要为植物提供养分的物料都称为土壤改良剂。土壤改良剂能有效改善土壤物理结构，降低土壤容重，改变土壤化学性质，加强土壤微生物活动，调节土壤水、肥、气、热状况，最终达到提高土壤肥力的效果。

目前，土壤改良剂有多类：①矿物类，主要有泥炭、褐煤、风化煤、石灰、石膏、蛭石、膨润土、沸石、珍珠岩和海泡石等；②天然和半合成水溶性高分子类，主要有秸秆类、多糖类物料、纤维素物料、木质素物料、黄腐酸和树脂胶物料；③人工合成高分子化合物，主要有聚丙烯酸类、乙酸乙烯马来酸类和聚乙烯醇类；④有益微生物制剂类等。商品化的土壤改良剂一般为复合制剂，多由泥炭、草炭配以适当比例的黄腐酸、聚丙烯酰胺等物质构成。土壤改良剂可在烤烟移栽后施于烟株周围，并进行培土覆盖（图 3-18）。

图 3-18　施用土壤改良剂

（六）种植绿肥

绿肥翻压能有效降低土壤容重与 pH，并优化养分含量，其中有机质含量提高 0.08%～0.1%，从而使土壤微生物数量和活性提高，所以真菌、细菌总量均有大幅增加（尚志强等，2006）。因此，前作种植一季绿肥或利用烟田冬季休闲期种植和翻压绿肥是提高土壤肥力、改善烟田土壤环境、实现烟叶生产可持续发展的一个重要措施。烟田种植的绿肥以豆科和禾本科植物居多，主要特征是速生快长、生物量大、根系穿透能力强，并能疏松土壤、加深土层厚度，如光叶苕、毛叶苕子、紫云英、印度麻、黎豆、芜菁、大爪草、苜蓿、野燕麦、掩青大麦、掩青黑麦等都是较好的绿肥，尤以禾本科绿肥最好。绿肥种植后直接翻耕还田或粉碎后直接翻耕还田，即可达到改良植烟土壤的目的（图 3-19）。

图 3-19 绿肥翻压

（七）施用生物炭

生物炭是作物秸秆在缺氧条件下经高温加热制成的。生物炭含有的碱性物质在进入土壤后可以很快释放出来，中和部分土壤酸度，增加盐基离子含量和阳离子交换量。生物炭可以为植物提供其所必需的氮、磷、钾、钙及镁等营养元素，促进其生长。另外，生物炭良好的孔隙结构和吸附能力为土壤微生物的生存提供了附着位点和较大空间。生物炭具有较大的孔隙度、比表面积，表面带有大量的负电荷和较高的电荷密度，是一种良好的钝化污染土壤中重金属的吸附材料。

施用生物炭不仅可以提高土壤有机碳含量，还可以降低土壤酸度，提高土壤盐基饱和度，提升土壤团聚体数量及稳定性，增加土壤微团聚体碳浓度，显著减少土壤有效氮、磷淋洗量，增加土壤有效钾供应量，具有极强的固碳保肥效果，在土重 10%的用量范围，用量越高效果越明显。利用生物炭生产的炭基肥具有一定的缓释特性，且与生物炭、肥料物理混合施用相比，施用炭基肥减少氮素淋溶损失的效果明显要好。一般生物炭用量以 200～300kg/亩保水效果最好，且拌施效果优于穴施（图 3-20 和图 3-21）。

图 3-20　生物炭

图 3-21　生物炭施用

（八）客土改良

云南植烟土壤质地黏重，采用客土掺砂方法进行改良可以降低土壤容重，增大土壤孔隙度，改善土壤通透性。质地黏重的烟田经过掺砂改良后，烤烟根茎性病害发生率显著下降，烟株早生快发明显，产量和品质相应提高。烟田土壤质地过黏可掺砂改土，每株烟施用2～3kg河砂，并与其他肥料混匀（图3-22和图3-23）。

图 3-22　塘施河砂

图 3-23　河砂与肥料拌匀

二、土地整治与恢复

土地整治是用于改变不利于土地利用的生态环境条件的综合措施，是土地整理、开发、复垦的统称。土地整治是在一定的区域内，按照土地利用总体规划确定的目标和用途，以土地整理、复垦、开发和城乡建设用地增减挂钩为平台，推动田、水、路、林、村综合整治，从而改善农村生产、生活条件和生态环境，促进农业规模经营、人口集中居住、产业聚集发展，推进城乡一体化进程的一项系统工程。所以，土地整治是实现传统农业向现代农业转变的重要举措（图 3-24 和图 3-25）。

图 3-24　土地整治立面

图 3-25　土地整治表面

（一）土地整治的主要作用

土地整治是现代烤烟农业建设的基础和保障，有利于烟叶的优质稳产和可持续发展。通过工程、生物和技术等措施，烟田土地整治有三大作用。

1）有利于提高土地利用率：对田、水、路、林、村进行综合整治，有利于提高土地利用率及劳动生产率，改善生产、生活条件。

2）有利于保护生态环境：对在生产建设过程中因挖损、塌陷、压占等遭到破坏的土地进行整治，可使其恢复到可利用状态，从而保护和改善生态环境。

3）有利于现代烤烟农业建设：加强土地平整和配套基础设施建设，有利于机械化耕作和专业化服务。

（二）土地整治对土壤环境的影响

土地整治破坏了熟土层被，改变了耕层土壤的物理化学特性，致使土壤质量下降。土地整治对土壤环境有以下影响。

1）土壤酸化：土地整治时熟土层被破坏，生土上翻会造成土壤 pH 降低 0.5～0.8 个单位，影响烟株根系生长和养分吸收。

2）土壤肥力不均：土地整治后田块内养分不均衡，有机质下降明显，幅度为 50%～70%。

3）土壤通透性差：土地整治后耕地土层结构被破坏，物理结构变差，透水透气性变差。

4）土壤供肥能力减弱：土地整治后原有的土壤微生物区系与协调性被打破，土壤酶活性降低，影响烟株根系生长，导致烟株长势不整齐、营养不平衡、病虫害加重、烟叶品质和产量下降。

（三）土地整治后进行土壤改良的主要技术措施

土地整治后，必须进行地力恢复与土壤改良才能保证烟株正常生长和发育。地力恢复与土壤改良的主要技术措施如下。

1）施用石灰，调节土壤酸碱度：当土壤 pH 小于 5.5 时，按 100～150kg/亩施用石灰以调节酸碱度，使土壤 pH 提高到 5.5～6.5，从而提高烟株对养分的吸收和利用。

2）增施有机肥料，改善土壤通透性：土壤有机质含量小于 15g/kg 的地块，按 1500～2000kg/亩施用腐熟有机肥，按 300～500kg/亩实施秸秆还田，不但可以改善土壤理化性状，促进烟株早生快发，而且有利于养分的归还与平衡。

3）实施水旱轮作，平衡土壤养分：实施水旱轮作，使土壤的导水性增强、质地稀薄，有利于土壤通气透水、养分平衡。

4）客土改良，增强耕性：土地整治后加入砂质土、腐殖土或塘泥土，可以有效地增强土壤耕性，提高土壤保水、保肥能力。

5）种植绿肥，提高肥力：绿肥根系发达，可穿透较紧实的中下层土壤，起到增加耕层厚度、疏松土壤的作用。而且绿肥生长量大，碳氮比（C/N）高，翻耕后可提升土壤碳氮比，增加土壤有机碳含量，提高土壤供肥能力。

第四章　云南烤烟施肥的生理基础

烤烟正常生长发育必需 16 种营养元素，需要量较大的元素有碳（C）、氢（H）、氧（O）、氮（N）、磷（P）、钾（K）、钙（Ca）、镁（Mg）、硫（S）、氯（Cl）；需要量甚微的元素有铁（Fe）、锰（Mn）、硼（B）、锌（Zn）、铜（Cu）、钼（Mo）。这些元素尽管需要量差异极大，但对烤烟的生长发育都是必不可少的，缺少任何一种元素，都会给烤烟生长发育带来严重影响。

第一节　烤烟需肥特征

一、生长特点

植物进行生理代谢是其生长发育的基础。植物生长是指其体积和重量（干重）的不可逆增加，是由细胞分裂、伸长以及原生质体、细胞壁增长引起的。一般认为植物的个体发育开始于种子萌发，进一步表现为根、茎、叶等营养器官生长，然后进入生殖生长过程，最后形成新的种子。

就烤烟而言，在大田栽培条件下，烟株封顶后生殖生长受到抑制，主要转变为叶片的生长与成熟。烟株在整个生长过程中表现为前期生长较慢，中期生长较快，后期生长减缓，生长速率表现出“慢一快一慢”的特点。以烟株叶面积和株高增长为例，移栽后 30 天内叶面积和株高增长较慢，移栽后 30～60 天增长较快，而移栽 60 天后增长明显减缓，总体符合“S”形生长曲线（图 4-1）。

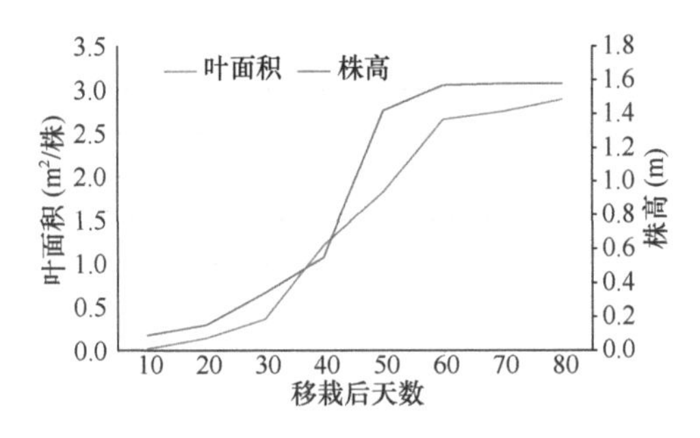

图 4-1　烟株叶面积和株高动态

在云南多数烟区，烟苗移栽后由于土壤黏重、干旱、低温等，前期生长过于缓慢，造成后期烟叶落黄与成熟受到影响，应加强土壤改良与水肥管理，促进烟株早生快发。

二、生育时期

烤烟一生分为苗床和大田两个阶段（时期）。苗床期指从播种到移栽，一般为40～60天（图4-2）；大田期指从移栽到采收完毕，一般为100～130天。大田期的长短因品种、气候和栽培条件而异，可分为还苗期、伸根期、旺长期和成熟期四个生育时期（图4-3～图4-6）。

图4-2　烤烟苗期

图4-3　烤烟还苗期

图4-4　烤烟伸根期

图 4-5　烤烟旺长期

图 4-6　烤烟成熟期

（一）还苗期（从移栽到成活）

幼苗移栽后根系受伤、吸收机能减弱，但地上部分蒸腾作用照常，导致烟株体内水分亏缺、生长暂时停滞。直到根系恢复生长并达到一定程度时，烟苗才能继续生长。当叶色开始变绿、心叶开始生长时，表示移栽苗成活。这一过程一般需要 7～10 天，其长短与烟苗壮弱、土质及栽培技术有密切关系。因此，移栽时必须选用壮苗、减少伤害、充分供水，以加速幼苗生根，促进其成活。

（二）伸根期（从成活到团棵）

烟苗移栽成活后，茎叶开始生长，新叶不断出现。初期茎部尚短，叶片集聚于地面，之后叶片出生加快，茎部也伸长加粗，到株高 33cm 左右、叶片数达 12～16 片（因品种而不同）时，烟株横向发展宽度与纵向生长高度的比约为 2∶1，近似球形，称为“团棵”。从成活到团棵一般需要 25～30 天。

伸根期是根系伸展的关键时期，虽然这一时期茎叶生长逐渐加快，平均每 3 天左右出现 1 片新叶，但生长中心仍为地下部分，根干重和体积比前期增加 10 倍以上。伸根期是烟株营养生长的一个转变时期，是为旺长期做准备的阶段，也是栽培管理的一个重要时期，因为要使下一阶段茎叶旺盛生长，必须在伸根期长好一个发达的根系，以提供烟株旺长所需的大量养料和水分。但是，要使根系在伸根期得以发展，还要有适当的叶面积来合成有机养料，供根系生长所需。因此，这个时期的栽培管理原则基本上是上下兼顾，但应更注意促进根系生长，为旺长期准备条件。大田中耕、除草、追肥、培土等农业技术措施都集中在这一时期进行。

（三）旺长期（从团棵到现蕾）

团棵后烟株很快进入旺长阶段，茎叶生长非常迅速。不久，茎生长锥开始分化成花序原始体，叶芽分化停滞，在主茎顶端中心出现绿色花蕾（现蕾）。从团棵到现蕾，一般需要25～30天。所以，团棵前后的营养条件十分重要，对叶片数具有决定性的作用。

在旺长期，茎叶生长旺盛，茎高每天平均增加3～4cm或以上，叶片平均不到2天即出现1片，而且叶片伸展迅速。随着叶面积的迅速扩大，光合产物积累增多。所以，叶片数、大小和干物质量主要取决于这个时期，旺长期是决定烟叶产量和质量的关键时期。

这个时期栽培管理的基本原则是既要促进茎叶旺盛生长，获得足够的光合面积，又要保证充分的光照条件，提高烟株光合能力。由于这一时期茎叶生长迅速，因此个体与群体之间以及光合面积与光照条件之间的矛盾显得非常突出，恰当地处理好这些矛盾是获得烟叶优质适产的关键。

（四）成熟期（从现蕾到成熟）

现蕾后，烟株下部叶逐渐衰老，叶片由下而上逐渐落黄成熟，这个阶段称为成熟期，一般包括从现蕾到叶片采收结束。从生理和留种角度看，成熟期还包括开花结果、种子成熟采收阶段。烤烟现蕾后7～10天开始开花，现蕾前茎生长锥中已形成花序原始体及第二、三级或更高级的花，开始现蕾后还能不断形成花蕾，当遇到不良条件时，新形成的花蕾脱落，不能形成新花。所以，现蕾前后的营养条件和环境条件对开花结实是有决定性作用的。

成熟期烟株由营养生长转入生殖生长，叶片中物质分解加强，部分有机物运向花序，对烟叶品质和产量提高是不利的。因此，在以采叶为目的时，栽培管理上应控制生殖器官的生长和腋芽的发生，主要的农业技术措施是打顶、去除腋芽和改善光照条件，促进叶片及时成熟。

烟叶在成熟时要求较高的温度，平均温度在20℃以上时，烟叶品质良好；温度过低，不利于成熟过程中酶活性的发挥和物质的转化，烟叶的内在品质和外观色泽都差。所以，在具有适宜气候条件的地区种植烤烟或把烟草生育期安排在适当的季节是获得优质烟叶的重要措施。

三、必需的营养元素

烤烟生长发育必需的营养元素除碳（C）、氢（H）、氧（O）来源于空气和水外，其他矿质营养元素主要由根系从土壤中吸收，叶面也能吸收一部分。烤烟的元素组成及其含量同烤烟类型与品种本身特性有关，也同其生长环境特别是土壤环境有关。

（一）氮（N）

氮是植物必需的主要营养元素，土壤氮含量对烤烟产量和品质的影响最大。不管植烟土壤类型如何，氮含量多少，要得到适当产量和优良品质的烟叶，都必须施用氮肥。氮素是细胞内各种氨基酸、酰胺、蛋白质、生物碱等化合物的组成部分。蛋白质是生命的基础，是细胞质、叶绿体、酶等物质的重要构成成分，是对烤烟产量、品质影响最大的营养元素。氮素过多，则烟株生长过分旺盛，叶色变浓绿，成熟迟缓或不能正常成熟，烤后烟叶外观色泽暗淡，蛋白质、水溶性氮、烟碱含量高，碳水化合物含量低，吃味辛辣，杂气重，刺激性强；缺氮，则烟株生长缓慢、瘦小，叶色黄绿；若打顶后氮素营养水平太低，则叶片和根系早衰，上部叶狭小，叶片蛋白质、烟碱等含氮化合物含量明显降低，烤后叶片色淡、薄、香气和吃味平淡。

（二）磷（P）

磷是重要的生命元素，在生物体的繁育和生长中起着不可代替的作用。其是烤烟必需的营养元素，是烤烟体内许多有机化合物的组成成分，并以各种方式参与生物遗传信息和能量传递，对烤烟的生长发育和新陈代谢十分重要。烤烟的产量和品质均同磷素营养状况密切相关。磷素不足时，烤烟碳水化合物的合成、分解、运转受阻，蛋白质、叶绿素的分解亦不协调，因而叶色呈浓绿或暗绿。磷在烤烟体内易于移动，磷素不足时，衰老组织的磷向新生组织转移，下部叶首先出现缺磷症，叶面产生褐色斑点，但上部叶仍能正常生长。生长前期缺磷，烤烟生长不良，抗病力与抗逆力明显降低；生育后期缺磷，烤烟成熟迟缓。

（三）钾（K）

钾是烤烟吸收最多的营养元素，但不是植株的结构成分，通常吸附在原生质表面，对参与碳水化合物代谢的多种酶起激活作用，与碳水化合物的合成和转化密切相关。钾能提高蛋白酶类的活性，从而影响氮素的代谢过程；钾离子能提高细胞的渗透压，从而增加植物的抗旱性和耐寒性；钾能通过促进机械组织的形成来提高植株的抗病力。

由于钾在烤烟体内以离子态存在，容易移动，当供钾不足时，衰老组织的钾向新生组织移动。当钾含量低于某种程度、氮钾比失调时，烤烟就会出现缺钾症，首先叶尖部出现黄色晕斑，随缺钾症加重，黄斑扩大，斑中出现坏死的褐色小斑，并由尖部向中部扩展，随之叶尖叶缘出现向下卷曲的现象，严重时坏死枯斑连片，叶尖、叶缘破碎。

田间缺钾症大多在烤烟旺盛生长的中后期于上部叶首先出现，除严重缺钾情况外，下部叶一般不出现缺钾症。钾可以提高烟叶的燃烧性和吸食品质，故烤烟钾含量亦被视为反映其品质的重要指标之一。

（四）钙（Ca）

烤烟的钙含量很高，正常情况下烤烟灰分的钙含量仅次于钾。但受土壤条件影响，许多烟区烟叶的钙含量超过了钾。烤烟吸收的钙一部分参与构成细胞壁，其余的以草酸钙及磷酸钙等形态分布在细胞液。钙与硝态氮的吸收及同化还原、碳水化合物的分解合成有关。缺钙时淀粉、蔗糖、还原糖等大量积累，叶片变得特别肥厚，植株生育不良。幼苗期缺钙，叶片皱缩、弯曲，继而尖端和边缘部分坏死，最后生长点死亡；留种烟株在开花前缺钙则花蕾易脱落，开花时缺钙则花冠顶部枯死，导致雌蕊突出。钙对镁及微量元素有拮抗作用，能减轻微量元素过多引起的毒害。但钙吸收过多，容易延长营养生长期，造成成熟推迟，对烟叶品质不利。

（五）镁（Mg）

镁的最主要功能是作为叶绿素的中心原子，位于叶绿素分子结构卟啉环的中间，是叶绿素中唯一的金属原子。镁是酶的强激活剂，烤烟中参与光合作用、糖酵解、三羧酸循环、呼吸作用、硫酸盐还原等过程的酶都依靠镁来激活。镁对有些酶的激活作用是专性的，如磷酸激酶、磷酸转移酶等，而对有些酶则是非专性的，如三羧酸循环中的脱氢酶等。缺镁时叶绿素的合成受阻，分解加速，同时叶绿素和类胡萝卜素含量降低，因而光合作用强度降低。镁在烟株体内容易移动，缺镁时生理衰老部位的镁向新生部位移动，所以缺镁症一般首先出现在下部叶，逐渐向上部叶发展；一片叶上首先是叶尖与叶缘发生黄白化，继而全叶呈白色。吸镁过多，有延迟烟株成熟的趋向。

镁在烟株体内的功能主要体现在三个方面。首先，镁是合成叶绿素的原料，并能促进烟叶进行光合作用。镁的主要功能是作为叶绿素 a 和 b 卟啉环的中心原子，在叶绿素合成和光合作用中起重要作用。镁也参与叶绿体中 CO_2 的同化作用。镁对叶绿体中的光合磷酸化和羧化反应都有影响，参与叶绿体基质中 1,5-二磷酸核酮糖羧化酶（RuBP 羧化酶）催化的羧化反应，而 RuBP 羧化酶的活性完全取决于 pH 和 Mg^{2+}浓度。其次，合成蛋白质的过程中，镁的功能是作为核糖体亚单位联结的桥接元素，保证核糖体结构稳定，为蛋白质合成提供场所。最后，镁可以活化和调节酶促反应，烟株中一系列的酶促反应都需要镁或依赖镁进行调节。

（六）硫（S）

硫是烟株体内胱氨酸、半胱氨酸、蛋氨酸等，维生素 B1、H 等，辅酶 A 脱氢酶及参与氧化还原过程的巯基（—SH）化合物等物质的组成部分。硫在烟株生长发育中起重要作用。硫在烤烟中的生理功能主要包括：第一，硫是蛋白质和氨基酸的组分。硫是半胱氨酸和蛋氨酸的组分，因此也是蛋白质不可缺少的组分。在多肽链中，两个含巯基的氨基酸可形成二硫键（—S—S—），这种化合键既可是一种永久性的共价键，也可是一种可逆的二肽桥。第二，硫是许多生理活性物质（含有—SH）如脱氢酶、氨基转移酶、脲酶、磷酸化酶、维生素 B1 和辅酶 A 等的组成成分。第三，硫可传递电子。胱氨酸-半胱氨酸还原体系是植物体内重要的氧化还原体系，硫氧还蛋白能够还原肽链间和肽链中的二硫键，活化许多酶和叶绿体耦联因子，其是一种重要的含硫化合物，既能在光合作用的暗反应中参与还原，也能在硫酸盐还原和谷氨酸合成过程中起重要作用。第四，硫可减轻一些金属元素的毒害。—SH 可以消除一些重金属元素的毒害；另外，—SH 能够调节细胞物质的氧化还原活性，从而避免还原性金属离子如 Fe^{2+}、Mn^{2+}、Cu^{2+} 等的危害。

由于常用的氮磷钾肥料含有大量的硫，因此烤烟生产上几乎没有发生过缺硫症。近年来有的研究认为，硫吸收过多会影响烤烟香气和吃味。

（七）铁（Fe）

铁主要分布在叶绿体，参与叶绿素的合成过程。铁也是与呼吸有关的酶——细胞色素酶、细胞色素氧化酶、氧化还原酶、过氧化氢酶等的组成部分。铁素营养缺乏时，叶绿素合成受阻。由于铁在烤烟体内不易移动，所以首先新生组织呈现缺铁症，上部叶先变黄并渐次白化，而下部叶叶色仍然正常。吸铁过多，铁容易在叶组织沉积，烤后叶片呈现不鲜明的污斑，呈灰至灰褐色。

由于土壤含有大量的铁，田间很少发生缺铁症。但是在排水和通气不良的地块，高价铁离子被还原成易被吸收的低价铁离子，容易发生吸铁过多，形成品质低劣的灰至灰褐色叶片的状况。

（八）锰（Mn）

锰是许多氧化酶的组成成分，在与氧化还原有关的代谢过程中起重要的作用。锰在植物体内不易移动，所以锰不足时，首先新生嫩叶叶面出现少绿症状，但叶脉仍保持绿色，故叶片外观呈绿纱窗状。植物严重缺锰时，叶面出现枯斑。锰吸收过多对植物也不利，其易在输导组织末端积累，并从表皮细胞渗出，形成细小的黑或黑褐色煤灰样小点，在叶肉上沿着主脉、支脉之类叶脉连续排布，导致叶片外观呈灰至黑褐色。锰过多症大多发生在中下部叶，有时上部叶也会出现。发生缺锰症和锰过多症的土壤条件与铁相同，所以铁锰两种元素的缺乏症与过多症大多数同时发生，并同时在叶片上出现，产生复合症状。

（九）铜（Cu）

铜是铜氧化酶类（如漆酶）、酪氨酸、抗坏血酸等物质的组成成分，参与氧化还原过程。铜离子能使叶绿素保持稳定，增强烟株对真菌病害的抵抗力。

铜不足时，植株呈暗绿色，下部叶首先出现褐色枯死斑，整个烟株生育不良。缺铜严重时，上部叶膨压消失，出现永久萎蔫样症状。由于烤烟对铜的需要量极少，很少见到发生缺铜症的烟株。

（十）锌（Zn）

锌是氧化还原过程中一些酶的激活剂，是色氨酸不可缺少的组成成分。缺锌时，植物细胞内氧化还原过程发生紊乱，上部叶变得暗绿肥厚，下部叶出现大而不规则的枯斑，植株生长缓慢或停滞。

（十一）钼（Mo）

钼在烤烟体内硝态氮的还原同化中起重要作用，但烤烟对钼的需要量极少。缺钼症与缺锰症相似，但坏死斑不明显。

（十二）氯（Cl）

吸收少量的氯能促进烟株生长。氯吸收过多时，烟株碳水化合物代谢受阻，叶内淀粉积累，叶片变得肥厚而脆，在烘烤过程中脱水慢，淀粉降解为糖的生化过程不良，淀粉含量异常高，叶绿素不能及时分解，烤干后叶片吸湿性强，燃烧性不良，呈暗灰至暗绿色，主、支脉呈灰白色，有海藻样腥味，品质极其低劣。

（十三）硼（B）

由于硼既不参与植物体的结构组成，也不是酶的组成成分或激活剂，因此有关硼的生理生化功能尽管有不少证据，但仍然不是十分明确。硼主要参与细胞伸长、分裂和核酸代谢，与碳水化合物和蛋白质的合成密切相关，影响组织的分化与细胞分裂素和烟碱的合成。

在烤烟体内，硼只能通过木质部向上运输，基本不能通过韧皮部向下输送，因此硼基本不能被再利用，一旦在某一部位沉积，就基本不能再迁移。因此，缺硼往往发生在新的生长点上。多年来的相关研究表明，增加硼含量有利于烟叶香吃味的改善。

四、必需营养元素的生理分类

如果从生理角度看，将植物体内的必需营养元素划分为大量元素和微量元素是不恰当的。因此，根据营养元素在植物体内的生化行为和生理功能来对其划分显得更为合理一些。如果采用这个分类系统，可将植物体内营养元素进行如表 4-1 所示的分类。

表 4-1 烤烟必需营养元素的生理功能分类

分类	生理功能
第一组 C、H、O、N、S	有机体的主要组成成分，酶反应过程中原子基团的必需元素，通过氧化-还原过程被同化
第二组 P、B	与烤烟体内的醇酯化反应有关，磷酸酯在能量转化中起重要作用
第三组 K、Na、Ca、Mg、Mn、Cl	在细胞渗透压维持中起非专性作用，在蛋白酶最佳构型维持中起专性作用，在生化反应中起键桥、离子平衡作用，控制膜透性和膜电位
第四组 Fe、Cu、Zn、Mo	在辅基中以络合态存在，通过价态变化进行电子传递

第一组包括植物有机体的主要组成成分，即 C、H、O、N 和 S。碳主要以 CO_2 形态从大气中吸收，也有可能以 HCO_3^-形态从土壤溶液中吸收。这些化合物通过形成羟基的羟基化过程被同化，而且同化碳的过程往往会同化氧，因为代谢的不是碳，而是 CO_2 或 HCO_3^-。H 主要从水中获得。在光合过程中，水被降解为 H^+，然后通过一系列的过程使烟酰胺腺嘌呤二核苷酸磷酸（$NADP^-$）还原为还原态的 NADPH，由于还原态的 NADPH 可以将 H^+传送给许多不同的化合物，因此这是一个非常重要的多酶反应过程。烤烟以 NO_3^-和 NH_4^+的形态从土壤中吸收 N，吸收的硝态氮首先经过还原，然后经过胺基化而被同化。植物对 S 的同化与 NO_3^- 相似，即首先从土壤中吸收 SO_4^{2-}，然后将其还原成—SH。烤烟吸收和同化 C、H、O、N、S 的过程是其生长代谢中最基本的生理过程。

第二组的 P 和 B 以无机阴离子形式或电中性分子态被吸收，主要是在脂类代谢中起重要作用，其本身也是许多脂类的组成成分。

第三组由 K、Na、Ca、Mg、Mn 和 Cl 组成，其均以离子态被烤烟根系从土壤中吸收。在细胞中，其或以离子态存在，或被有机酸吸附。

第四组包括 Fe、Cu、Zn 和 Mo，除钼外，其余均主要以络离子形态存在。事实上，钙、镁和锰也可以被强烈络合，因此第三组和第四组之间的划分界限也不是绝对的。

第二节　烤烟养分吸收规律

烤烟移栽后的生长发育过程是烟叶产量形成的过程，最重要的是生长发育规律要有利于品质的形成。烤烟通过根系从土壤中吸收各种营养成分，而根系吸收养分受到土壤的水、肥、气、热、酸碱度等条件强烈影响。不同烟区的烤烟有不同的生长发育规律，因此形成不同的品质特征。了解不同土壤上烤烟的生长发育与养分吸收规律，可为施肥调控和肥料配方提供重要依据。

一、影响养分吸收的环境条件

烤烟根系从土壤中吸收各种营养成分，因此根系吸收养分受到土壤的水、肥、气、热、酸碱度等条件强烈影响。调节土壤的性状，使其适于根系生长，对促进与控制根系的养分吸收具有重要意义。

（一）温度

土壤温度对根系呼吸作用和生理活性有较大的影响。烤烟根系在生长适温（即土温 30～32℃）时对氮素的吸收最旺盛，土温超过 32℃，氮素吸收量开始降低。当土温由低向适温升高时，烤烟对硝态氮的吸收量显著高于对铵态氮的吸收量。土温较低，烟株以铵态氮作为氮源，生长不良。人工气候条件试验显示，昼夜土温都是 15℃的组合比昼温为 25℃、夜温为 15℃的组合钾吸收量降低近一半。钙、镁、磷的吸收量随温度的上升而有所增加。受土壤温度升降的影响，几种营养成分吸收量的增减程度由大至小依次为：硝态氮、铵态氮、钾、磷、钙、镁，即温度升高或降低时硝态氮吸收量的增加或减少程度最大，而镁吸收量的变化最小。

（二）氧气

土壤空气中氧气的含量直接影响根系的呼吸和养分的代谢性吸收与转化，一般随着氧气含量增加，养分吸收量也增加。随氧气含量增减，养分吸收量增减的程度按钾、氮、钙、镁、磷的顺序减弱。在氮素的吸收中，随着氧气含量增加，硝态氮吸收量显著多于铵态氮吸收量。当根系处于低氧环境条件时，烤烟的铵态氮吸收量多于硝态氮吸收量；氧气不仅可以促进氮素的吸收，还能促进吸收后的氮素在根系内同化和向地上部分转移。

（三）酸碱度（pH）

根际环境 pH 除影响某些养分可被吸收的形态外，还直接影响根系的活性，从而影响养分的吸收量。砂培试验证明，根际环境由微酸性向中性、微碱性变化时，磷吸收量下降，钾吸收量略有升高，钙吸收量显著增加，而铁、锰吸收量显著降低，硝态氮吸收量降低，铵态氮吸收量逐渐增加。

在酸性和碱性土壤条件下，磷在土壤中易被固定成不易吸收的形态，导致其根际可吸收量减少。

（四）水分

土壤水分含量影响土壤有效养分的浓度，水分不足时，土壤有效养分浓度增加，当浓度超过某限度，就会导致土壤溶液渗透压过高而妨碍甚至中断根系吸收养分。水分适宜时，氮、磷、钾的吸收利用率高。当然，水分过多甚至呈渍水状态时，土壤空气状况恶化，使根系活性降低甚至死亡，养分吸收必然降低或停止。

二、养分吸收量与分配

（一）养分吸收量

烤烟在不同土壤、气候、栽培与施肥条件下对养分的吸收效率是不同的，导致养分吸收量有很大差异。相关研究显示，在云南的植烟土壤与气候生态条件下，烤烟的养分吸收量差别较大，吸收量较大的是 N、P、K、Ca、Mg、S、Cl，吸收量较小的是 Fe、Cu、Mn、Zn、B、Mo（表 4-2）。在烟株体内，N∶P∶K 约为 1∶0.1∶1.3，N∶Ca∶Mg 约为 1∶1.5∶0.2，N∶S∶Cl 约为 1∶0.2∶0.3。所以，吸收量超过 N 的只有 K 和 Ca。

（二）养分分配规律

烤烟体内营养元素的含量与部位密切关系，一般顶杈含量高，根、茎含量低。N、Mg、Mn 元素含量为顶杈＞叶＞根＞茎，K 元素含量为顶杈＞叶＞茎＞根，Cl 元素含量为顶杈＞叶=茎＞根，P、Cu、Zn 元素含量为顶杈＞根＞叶＞茎，由此可见这 8 种元素生长点的含量高于其他部位，缺素症易发生在其他部位；Ca、S、Mo 元素含量为叶＞顶杈＞根＞茎，B 元素含量为叶＞根＞顶杈＞茎，这 4 种元素叶含量高，缺素症一般会出现在顶杈；Fe 元素含量为根＞叶＞顶杈＞茎，缺 Fe 症易出现在叶和顶杈（表 4-3）。

表 4-2　烟株各部位养分吸收量与比例（样本数 *N*=9）

元素	根		茎		叶		顶杈		全株
	吸收量（mg/株）	比例（%）	吸收量（mg/株）	比例（%）	吸收量（mg/株）	比例（%）	吸收量（mg/株）	比例（%）	吸收量（mg/株）
N	1 042.47	12.41	2 897.97	34.50	3 875.52	46.14	584.38	6.96	8 400.34
P	110.49	10.44	419.71	43.45	355.26	36.78	80.47	8.33	965.93
K	648.54	6.09	4 596.78	43.18	5 070.47	47.63	329.55	3.10	10 645.34
Ca	1 277.86	10.19	2 418.31	19.29	8 558.44	68.26	283.57	2.26	12 538.18
Mg	105.69	8.17	339.76	26.27	791.25	61.18	56.52	4.37	1 293.22
S	129.71	9.61	459.68	34.06	726.66	53.84	33.53	2.48	1 349.58
Cl	100.88	4.90	1 259.12	61.11	645.92	31.35	54.61	2.65	2 060.53
Cu	0.73	16.78	1.81	41.61	1.57	36.09	0.24	5.52	4.35
Zn	2.20	13.63	6.02	37.30	7.12	44.11	0.80	4.96	16.14
Mn	7.26	15.32	5.76	12.15	32.27	68.08	2.11	4.43	47.40
Fe	264.22	67.77	35.97	9.23	87.52	22.45	2.15	0.55	389.86
B	1.24	14.14	2.30	26.23	5.00	57.01	0.23	2.62	8.77
Mo	0.02	5.00	0.02	5.00	0.35	87.50	0.01	2.50	0.40

表 4-3　烟株各部位营养元素含量（样本数 *N*=9）

元素	根	茎	叶	顶杈	全株
N（%）	2.17	1.45	2.40	6.10	2.82
P（%）	0.23	0.21	0.22	0.84	0.33
K（%）	1.35	2.30	3.14	3.44	2.75
Ca（%）	2.66	1.21	5.30	2.96	3.79
Mg（%）	0.22	0.17	0.49	0.59	0.41
S（%）	0.27	0.23	0.45	0.35	0.32
Cl（%）	0.21	0.40	0.40	0.57	0.40
Cu（mg/kg）	15.17	9.04	9.73	25.19	13.10
Zn（mg/kg）	45.78	30.13	44.07	83.85	48.66
Mn（mg/kg）	151.17	28.83	199.83	220.31	166.64
Fe（mg/kg）	5500.00	180.00	542.00	224.00	1255.00
B（mg/kg）	25.85	11.53	30.94	24.33	27.57
Mo（mg/kg）	0.45	0.08	2.19	0.52	1.27

由于所处的营养条件不同，烟株不同叶位元素含量有很大差异（表 4-4）。在下、中、上三个叶位，N、P、K、Ca、Mg、Cu、Fe、Cl、Mo 9 种元素的含量随叶位的升高整体下降，S、B 元素的含量随叶位的升高而增加，Mn、Zn 元素的含量以中部叶较高。

表 4-4　烟株不同叶位的营养元素含量（样本数 N=9）

叶位	N（%）	P（%）	K（%）	Ca（%）	Mg（%）	S（%）	Cl（%）	Cu（mg/kg）	Zn（mg/kg）	Mn（mg/kg）	Fe（mg/kg）	B（mg/kg）	Mo（mg/kg）
下部	2.64	0.24	4.83	8.60	0.77	0.41	0.70	16.31	49.22	211.11	1203	30.94	5.51
中部	2.44	0.22	2.83	4.23	0.39	0.43	0.23	8.67	54.94	252.56	287	33.35	0.78
上部	2.12	0.21	1.77	3.06	0.32	0.52	0.26	4.22	27.56	135.83	135	39.38	0.25

三、养分吸收规律

云南烤烟对养分的吸收特点是：氮和磷的吸收高峰出现在移栽后 30～45 天，而钾与钙的吸收高峰出现时间稍晚，在移栽后 30～75 天（图 4-7）。所以，氮肥和磷肥应及早施用，而钾肥应分次供给与缓慢释放，这样才有利于烟株对养分的吸收。

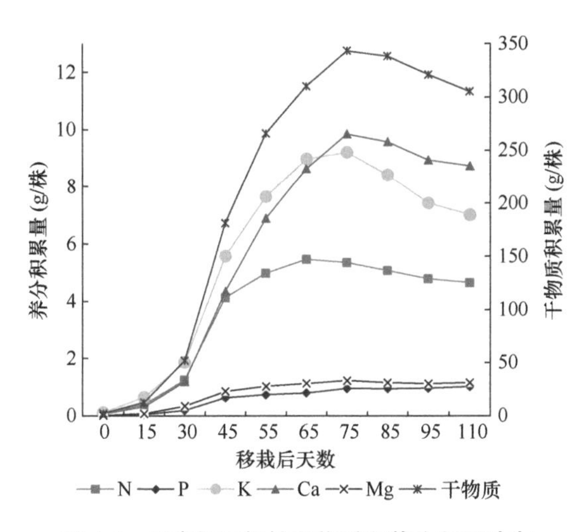

图 4-7　云南烟区烟株干物质和养分积累动态

（一）干物质积累规律

移栽后，随着烟株的生长干物质积累量先增加后减少。云南烟区烤烟移栽后 75 天内，干物质积累量逐渐增加；移栽后 75 天时，干物质积累量达到最高；此后干物质积累量逐渐减少。整个生育过程中干物质积累表现出“慢－快－慢”的趋势，即在移栽后 30 天内呈缓慢增加趋势，在移栽后 30～75 天呈快速增加趋势，在移栽 75 天后呈缓慢减少趋势。

（二）氮素积累规律

云南烟区烤烟氮素积累量亦呈现先增加后减少的趋势。移栽后 65 天内，氮素积累量逐渐增加；移栽后65天时，氮素积累量达到最高；此后氮素积累量逐渐减少。整个生育过程中氮素积累亦表现出“慢—快—慢”的趋势，即在移栽后30天内呈缓慢增加趋势，在移栽后30～65天呈快速增加趋势，在移栽65天后呈缓慢减少趋势。氮素吸收高峰集中在移栽后30～45天，说明氮素应及早施用。

（三）磷素积累规律

云南烟区烤烟磷素积累量呈现出较为平缓的变化趋势。移栽后75天内，磷素积累量逐渐增加；移栽后75天时，磷素积累量达到最高；此后磷素积累量基本保持稳定。磷素吸收高峰也集中在移栽后30～45天，与氮素积累相似，也应及早施用。

（四）钾素积累规律

云南烟区烤烟钾素积累量同干物质积累量变化规律相似，亦呈现为先增加后减少，而且达到最高值的时间也为移栽后75天。整个生育过程中钾素积累表现出“慢—快—较快”的趋势，即在移栽后30天内呈缓慢增加趋势，在移栽后30～75天呈快速增加趋势，在移栽75天后钾素积累量减少速度较快，明显快于干物质积累量减少速度。钾素吸收高峰集中在移栽后30～65天，持续时间较长，因此钾肥应分次供给、缓慢释放。

（五）钙素、镁素积累规律

云南烟区烤烟钙素积累量表现出与干物质积累量基本相同的变化规律，即积累量先增加后减少，移栽后75天时达到最高，而且整个生育过程中积累表现出“慢—快—慢”的趋势。钙素吸收高峰集中在移栽后30～75天，持续时间较长，应分次供给。镁素积累量表现出与磷素积累量基本相同的变化规律，即整个生育期变化较为平缓，移栽后75天积累量达到最高。镁素吸收高峰亦集中在移栽后30～45天，与磷素积累相似，也应及早施用。

第三节　烤烟施肥原则

施肥的目的是提高烟叶产质量和效益。但是，盲目增加施肥量往往适得其反。烤烟对肥料的吸收和利用有一定的限度，当缺少营养时施肥可以明显提高产质量，在一定范围内产质量随施肥量的增加而提高，达到某一施肥量时，产值减去肥料成本得到的施肥效益最高；当施肥量增加到一定程度后，产质量并不相应增加，如果再增加施肥量，产质量还会下降，甚至对烟株产生毒害作用。要根据烤烟品种特性、土壤肥力、肥料性质、烤烟生育期温度和降水等状况正确施肥，以获得适宜的烟叶产量为依据，决定适宜的氮素用量、氮磷钾比例、肥料种类、基肥追肥用量及施用方法。

一、养分平衡原则

养分平衡主要是指合理供应和调节各种必需营养元素，以满足烤烟生长需要，从而达到提高产量和改善农产品品质、提高肥料利用率与减少环境污染的目的。与之相对应的配套措施包括土壤测试、肥料试验、施肥推荐、专用肥配制与生产、施肥方法等一整套科学施肥技术。烤烟正常生长发育和产质量形成需要多种必需营养元素，而且这些元素之间存在平衡的比例关系。例如，随着施肥量增加，烟株中部、上部叶在成熟过程中往往出现失绿、发白的现象就是由烟株镁元素失调造成的。养分平衡是施肥的基本原则，如果忽视这个原则，盲目地提高某一种营养元素的用量，烟叶产质量会受到影响。

二、因气候施肥原则

气候条件主要指当年烤烟大田期雨水的多少和气温的高低。雨水多的年份，肥料流失大，气温相应降低，肥料利用率下降，烤烟的肥料用量尤其是氮肥要适当增加。反之，施肥量要适当减少。

三、因土施肥原则

由于类型不同，植烟土壤的养分含量、供肥性能和养分利用率有很大差异。不同的土壤条件需要与不同的施肥与栽培措施相适应才能进一步提高烟叶品质与可用性，从而充分利用土壤资源。在云南烟区，植烟土壤主要有红壤、石灰性土、黄壤、紫色土和水稻土，不同的土壤具有不同的理化性状及供肥能力。据研究，土壤供 N、P、K 养分能力以水稻土较强，其次是红壤，较弱的是黄壤和紫色土（表 4-5）。

表 4-5　云南不同植烟土壤供肥能力　（kg/亩）

土类	N	P	K
水稻土	4.40	0.38	6.45
红壤	4.50	0.70	4.48
黄壤	3.22	0.52	4.21
紫色土	1.87	0.31	2.83

另外，根据水分条件可将植烟土壤分为两类，一类是山地土壤如红壤、紫色土，其地下水位低，肥料流失少而利用率高；另一类是地下水位较高的水稻土和黄壤，其肥料流失多而利用率较低。应根据不同的土壤条件（表 4-6）制定不同的施肥量和施肥方法。

表 4-6　植烟土壤肥力分级指标

指标	极低	低	适宜	高	很高
pH	—	＜5.5	5.5～7.0	7.0～7.5	＞7.5
速效氮（mg/kg）	＜60	60～120	120～180	180～240	＞240
速效磷（mg/kg）	—	＜10	10～20	20～40	＞40
速效钾（mg/kg）	＜80	80～150	150～220	220～350	＞350
交换性钙（cmol/kg）	—	＜4	4～6	6～10	＞10
交换性镁（cmol/kg）	—	＜0.8	0.8～1.6	1.6～3.2	＞3.2
有效锌（mg/kg）	＜0.2	0.2～0.5	0.5～1.0	1.0～1.5	＞1.5
有效硼（mg/kg）	＜0.5	0.5	0.5～1.0	1.0～3.0	＞3.0

注：—表示无此项

四、因品种施肥原则

由遗传特性决定，不同烤烟品种对土壤和肥料中养分的吸收与利用有很大差别。‘红花大金元’（简称‘红大’）的氮、磷、钾肥利用率较高，而‘K326’的肥料利用率较低，‘G28’居中（表 4-7）。因此，在一定的土壤条件下，烤烟品种对肥料需求的差异是决定施肥量的主要依据。

由表 4-8 可以看出，耐肥性弱的品种如‘红大’‘G28’烟叶香吃味最佳时的

表 4-7　不同烤烟品种的肥料利用率　（%）

品种	N	P	K
红大	43.28	6.45	21.19
G28	38.45	3.51	13.93
K326	24.82	1.86	8.08

表 4-8　不同品种在不同施氮量下的烟叶香吃味

品种	施 N 量（g/株）	香气	吃味	杂气	刺激性	劲头	燃烧性	灰分	总分
红大	5	17.5	18.5	14.0	7.0	9.0	3.0	3.0	72.0
	8	18.0	18.0	12.5	6.5	10.0	3.0	3.0	71.0
	11	17.0	18.0	13.5	7.5	9.0	3.0	3.0	71.0
G28	5	19.0	19.5	15.0	8.0	9.5	3.0	3.5	77.5
	8	18.5	18.5	14.0	7.5	10.0	3.0	3.5	75.0

续表

品种	施N量（g/株）	香气	吃味	杂气	刺激性	劲头	燃烧性	灰分	总分
G28	11	18.5	19.0	14.0	7.5	10.0	3.0	3.5	75.5
K326	5	17.5	18.5	14.5	7.0	10.0	3.0	3.5	74.0
	8	19.5	19.5	15.0	8.0	10.0	3.0	3.5	78.5
	11	19.0	19.0	15.0	7.0	10.0	3.0	3.5	76.5

注：烟叶香气、吃味权重各占25%，杂气占20%，刺激性、劲头各占10%，燃烧性、灰分各占5%

施N量为5g/株左右；耐肥性强的品种如‘K326’烟叶香吃味最佳时的施氮量为8g/株。所以，‘K326’应比‘红大’‘G28’多施60%左右的氮肥才能使烟叶内在品质达最佳。

五、因前作施肥原则

在轮作周期中，前作的氮肥施用和利用显著影响烤烟的氮肥利用率，在同一烟叶生产片区内，前作不同常导致烟株生长不整齐的问题，从而影响烟叶质量的均衡。因此，应结合当地实际，根据不同前作后效对烟株生长土壤环境和烟叶质量的影响调控施肥，分类指导烤烟肥料施用（表4-9）。

表4-9 不同前作的烤烟施氮量调控

前作	推荐施N量扣减
麦类、油菜、蚕豆、豌豆、大豆	0
冬闲轮种蚕豆	0
冬闲轮种麦类	10%
绿肥、大蒜、洋葱、叶菜类蔬菜	20%～35%
菜豌豆（甜脆豌豆）	40%～50%

六、因肥施用原则

（一）烤烟专用复合肥和硫酸钾

烤烟专用复合肥和硫酸钾水溶性好，用量应根据地下水位和土壤肥力而定，提倡少施或不施底塘肥（土壤肥力低则少施，土壤肥力高则不施），重条施或追肥（地下水位低则重条施，如地烟和山地烟；地下水位高则重追肥，如田烟）。地烟可选1/3的复合肥和硫酸钾条施，1/3作塘肥，1/3在移栽后15～20天作追肥。地下水位高的田烟则选1/3的复合肥和硫酸钾作塘肥，2/3作追肥。

（二）普钙或钙镁磷肥

普钙或钙镁磷肥水溶性差，适宜条施，即量墒前均匀撒施于烟墒底部，可以提高肥效。另外，钙镁磷肥属碱性肥料，不宜与复合肥或硫酸钾等酸性肥料混合施用，以免发生化学反应而降低肥效，并且在酸性土壤上施用效果较好。

（三）中微量元素肥料

中微量元素肥料一般用量小，最适宜添加在烤烟专用复合肥中，但也可适量作基肥或叶面喷施。

（四）有机肥

有机肥施用不当或腐熟不充分会对烟株生长产生不利影响。有机肥矿化较慢，当季利用率较低，过多施用可能造成烟株生长前期养分吸收不足，影响其早生快发。但有机肥后效明显，会导致烟株后期养分吸收过多，影响烟叶质量。如果不经充分发酵，有机肥在土壤中分解时会导致高温和生成甲酸、乙酸、乳酸等有机酸，对烟株生长产生不利的影响。

另外，要防止有机肥与烟株根系直接接触，可采用环状施肥，使肥料与烟株保持 10～15cm 的距离，以免烧苗。特别是一次性施肥的地膜烟，更要注意这个问题。

烟草常用化学肥料的性质及施用方法见表 4-10。

表 4-10　烟草常用化学肥料的性质及施用方法

肥料种类	氮（%）	P_2O_5（%）	K_2O（%）	酸碱性	溶解性	施用方式
三元复混肥	8～15	4～15	15～30	中性	水溶	基肥/追肥
过磷酸钙（普钙）	—	12～20	—	酸性	水溶	基肥，与有机肥混施
钙镁磷肥	—	16～20	—	碱性	溶于弱酸	基肥深施，与有机肥混施
磷酸一铵	10～12	50～52	—	中性	水溶	基肥/追肥
磷酸二铵	16～18	46～48	—	弱酸	水溶	基肥/追肥
磷酸二氢钾	—	52	35	酸性	水溶	基肥/追肥
硝酸钾	12～15	—	45～46	中性	水溶	基肥/追肥
硫酸钾	—	—	50	中性	水溶	基肥/追肥
硼砂	含硼量：11.3%			弱酸	水溶	基肥/叶面喷施
硫酸镁	含镁量：29%			弱酸性	水溶	基肥/叶面喷施
硫酸锌	含锌量：23%～35%			弱酸性	水溶	基肥/叶面喷施
硫酸锰	含锰量：26%～28%			弱酸性	水溶	基肥/叶面喷施
硫酸亚铁	含铁量：19%～20%			酸性	水溶	基肥/叶面喷施
硫酸铜	含铜量：24%～25%			弱酸性	水溶	基肥/叶面喷施
钼酸铵	含钼量：54%			弱酸性	水溶	基肥/叶面喷施

注：—表示无此项

第五章　云南烤烟氮肥施用

烤烟完成正常生长发育需要从土壤中吸收大量的营养元素，一般土壤自身的养分难以满足烤烟的生长需求，因此必须将营养元素以肥料的形式补充施入土壤。在所有营养元素中，氮素对烤烟发育及烟叶品质的影响都是最大的。

第一节　施氮量对烟叶产量及品质的影响

氮素是影响烟株生长和发育以及烟叶质量的最重要元素。氮素不足和过量都会给烤烟产量与品质带来极大的影响。氮素不足时，烟叶身份薄，烟碱含量低，香气不足，劲头小；氮素过多时，烟叶成熟推迟，烟碱含量过高，刺激性和劲头大，香气质会变差，还容易发生各种叶面病害；氮素供应正常，烟叶大小厚薄适中，适时落黄成熟，烤后色泽鲜亮，香味、气味均佳。

一、对烟叶经济性状的影响

施氮量与烟叶产质量有着密切的关系。在云南玉溪、宜良、文山、寻甸、楚雄、晋宁等地研究不同施肥量对烟叶产质量影响的结果表明，烟叶的产量随施N量的增加而增加，施N量为11kg/亩时，产量达到最大值，施N量继续增加烟叶产量开始下降；烟叶的产值以施N量11kg/亩最高，而上等烟比例施N量9kg/亩最高（表5-1）。因此，施氮对烤烟的经济性状有重要影响，随着施氮量的增加，烟叶产量和产值都呈上升趋势，达到一个水平后，产量和产值又开始下降；最佳的产量、产值等指标分布在某个施氮水平区间内，而不是一个点上。

表5-1　施氮量对烟叶产质量的影响

施N量（kg/亩）	产量（kg/亩）	产值（元/亩）	上等烟比例（%）
0	112.30	2307.63	33.00
5	162.17	3381.72	47.64
7	174.27	3623.25	48.52
9	186.44	4122.99	56.33
11	200.91	4132.77	48.67
13	200.84	3955.47	47.05

同时，盆栽试验结果（表 5-2）表明，施氮量为 0～9g/株时硝酸还原酶（NR）活性随着施氮量的增加而升高；而游离脯氨酸含量在施氮量低于 5g/株或高于 11g/株的条件下都较高，说明施氮量过高和过低均对烟株产生养分胁迫，进而影响烟株的正常生长和产量、质量的形成。

表 5-2　不同施氮量下的 NR 活性与游离脯氨酸含量

施 N 量（g/株）	NR 活性[μmol/L NO_2^-/（g FW·h）]	游离脯氨酸含量（μg/g）
0	3.2	1578.3
5	12.3	785.4
7	24.5	775.1
9	46.2	687.6
11	35.7	985.4
13	26.1	2387.2

二、对烟叶主要化学成分的影响

施氮量在一定程度上影响着烟叶化学成分的变化。研究结果表明，烟叶的烟碱、总氮含量与施氮量呈显著的正相关，还原糖含量、糖碱比和氮碱比与施氮量呈显著的负相关（表 5-3）。说明烟叶的化学成分含量与施氮量的关系非常密切。

表 5-3　施氮量与烟叶化学成分的关系

指标	下部叶	中部叶	上部叶
烟碱	Y=0.445+0.143X（R^2=0.841）	Y=1.324+0.125X（R^2=0.724）	Y=2.542+0.4X+0.141X^2–0.009X^3（R^2=0.824）
总氮	Y=1.275+0.893X（R^2=0.884）	Y=1.505+0.873X（R^2=0.941）	Y=1.746+0.07X（R^2=0.745）
还原糖	Y=24.011–1.035X（R^2=0.884）	Y=22.832–1.177X（R^2=0.931）	Y=20.669–1.334X（R^2=0.723）
糖碱比	Y=38.651–3.685X（R^2=0.897）	Y=16.951–1.468X（R^2=0.805）	Y=8.61–0.718X（R^2=0.604）
氮碱比	Y=2.278–0.129X（R^2=0.835）	Y=1.265–0.13X+0.017X^2–0.001X^3（R^2=0.608）	Y=0.684–0.135X–0.037X^2+0.002X^3（R^2=0.687）

随施氮量增加，不同部位烟叶的总氮和烟碱含量均显著增加，除施氮量低于 4.5kg/亩时下部叶烟碱含量偏低外，不同部位烟叶的烟碱含量基本都在适宜范围。但是，当施氮量增加到 9kg/亩时，不同部位烟叶的糖碱比严重失调，化学成分协调性明显变差，严重影响烟叶的品质（表 5-4）。造成这个结果的主要原因是随着施氮量的增加，烟叶的糖含量直线下降，导致化学成分不协调。

表 5-4　施氮量对烟叶化学成分的影响

部位（等级）	施 N 量（kg/亩）	烟碱（%）	总氮（%）	总糖（%）	还原糖（%）	钾（%）	糖碱比	氮碱比
下部叶（X2L）	0	0.61	1.34	27.76	23.63	2.74	38.53	2.19
	3.0	0.69	1.41	26.46	21.86	2.60	31.63	2.04
	4.5	0.94	1.71	21.35	17.85	2.64	18.89	1.81
	6.0	1.40	1.85	22.97	19.11	2.73	13.66	1.32
	7.5	1.53	1.91	19.92	16.62	2.40	10.89	1.25
	9.0	1.80	2.11	15.72	13.95	2.29	7.75	1.17
中部叶（C3L）	0	1.18	1.49	26.67	22.32	2.33	18.86	1.26
	3.0	1.76	1.85	24.53	19.60	1.99	11.10	1.05
	4.5	2.17	1.84	21.89	17.85	2.09	8.23	0.85
	6.0	1.93	1.99	19.87	16.77	1.95	8.68	1.03
	7.5	2.33	2.17	15.37	12.92	2.73	5.54	0.93
	9.0	2.33	2.31	13.99	12.21	2.25	5.25	0.99
上部叶（B2L）	0	2.57	1.75	25.01	20.42	1.66	7.96	0.68
	3.0	2.17	1.83	23.99	18.76	1.73	8.66	0.85
	4.5	2.99	2.24	13.59	11.46	1.58	3.83	0.75
	6.0	3.33	2.13	16.05	13.65	1.93	4.10	0.64
	7.5	3.38	2.29	13.78	11.43	2.27	3.38	0.68
	9.0	3.76	2.34	9.52	8.27	1.90	2.20	0.62

注：X2L 为下柠二，C3L 为中柠五，B2L 为上柠二，下同

研究结果还表明，施氮量相同时，钾含量随叶位的上升而下降；施氮量对下部和中部叶钾含量影响不大，但与不施氮相比，施用氮肥时上部和顶部叶的钾含量明显提高。施氮量增加，不同部位烟叶总氮和总植物碱含量均显著增加，总糖和还原糖含量及相应的还原糖/烟碱值降低。施氮量增加会降低下部和中部叶氮碱比，主要是由于随施氮量增加，有更多氮素参与烟碱的合成。说明烟叶内在品质受施氮量影响很大，从还原糖/烟碱值看，施氮量为 5.5kg/亩和 7.0kg/亩时烟叶内在质量较好（表 5-5）。

另外，在不同施氮量下，水稻土和红壤上烟叶化学成分变化有所不同。水稻土上烟叶的化学成分分析结果表明（表 5-6），上、中、下部叶的总糖、烟碱及总氮含量与施氮量间有一致的关系，即随着施氮量的增加，总糖含量随之降低，而烟碱和总氮含量则随之增加，表现出施用氮肥具有提高烟叶烟碱含量的作用。所以，水稻土上烟叶的烟碱含量受氮肥施用量影响比较明显。就各部位烟叶化学成分含量的综合评价来看，水稻土施用不同量氮时，上部叶总糖含量基本处于适宜范围，但施氮量达 8.0kg/亩以上时，糖碱比明显偏低，主要原因是施氮量高时上

表 5-5　施氮量对烟叶化学成分的影响

部位	施N量（kg/亩）	总糖（%）	还原糖（%）	总植物碱（%）	总氮（%）	钾（%）	还原糖/总糖	还原糖/烟碱	氮/碱
下部叶	10.0	16.34	13.86	2.12	1.98	4.42	0.85	6.54	0.93
	8.5	24.64	12.39	2.22	1.97	4.27	0.50	5.58	0.89
	7.0	25.96	13.58	1.83	1.85	4.65	0.52	7.43	1.01
	5.5	34.41	18.53	1.29	1.57	4.80	0.54	14.33	1.22
	0	47.64	23.30	0.53	1.17	4.49	0.49	43.76	2.20
中部叶	10.0	22.01	19.33	2.71	1.88	3.29	0.88	7.13	0.69
	8.5	19.06	15.21	2.86	1.95	3.28	0.80	5.32	0.68
	7.0	32.25	19.33	2.50	1.79	3.37	0.60	7.73	0.72
	5.5	39.26	22.28	1.77	1.41	3.44	0.57	12.59	0.80
	0	53.57	26.03	0.50	1.07	3.47	0.49	52.31	2.15
上部叶	10.0	16.16	13.80	3.21	2.26	3.12	0.85	4.29	0.70
	8.5	16.20	14.33	3.10	2.14	2.75	0.88	4.62	0.69
	7.0	25.04	15.06	2.93	1.98	2.83	0.60	5.14	0.68
	5.5	27.95	18.37	2.55	1.71	2.58	0.66	7.22	0.67
	0	44.15	27.60	1.58	1.23	2.32	0.63	17.47	0.78
顶部叶	10.0	14.69	13.77	3.09	2.32	2.72	0.94	4.45	0.75
	8.5	16.16	12.85	3.36	2.19	2.77	0.79	3.82	0.65
	7.0	23.70	15.14	2.92	1.99	2.73	0.64	5.19	0.68
	5.5	24.66	15.84	2.66	1.90	2.39	0.64	5.96	0.72
	0	37.04	22.59	1.54	1.57	2.26	0.61	14.64	1.02

表 5-6　施氮量对烟叶化学成分的影响（水稻土）

部位	施N量（kg/亩）	总糖（%）	烟碱（%）	总氮（%）	糖碱比	氮碱比
下部叶	0	26.58	0.79	1.36	34.02	1.73
	6.5	24.35	1.06	1.53	23.83	1.47
	8.0	20.92	1.51	1.81	13.89	1.20
	9.5	20.31	1.67	1.98	12.95	1.21
	11.0	19.14	1.94	2.19	9.94	1.13
中部叶	0	31.17	1.19	1.55	24.75	1.21
	6.5	29.21	2.35	1.83	14.33	0.84
	8.0	27.28	2.37	1.99	11.59	0.85
	9.5	26.64	2.42	2.04	10.55	0.84
	11.0	22.64	2.92	2.27	7.96	0.79
上部叶	0	30.77	2.53	1.89	12.52	0.76
	6.5	26.68	3.30	2.29	8.58	0.71
	8.0	23.48	3.84	2.45	5.82	0.68
	9.5	22.92	3.42	2.43	6.22	0.73
	11.0	18.29	4.15	2.78	4.32	0.69

部叶烟碱含量过高。除不施氮外，中部叶烟碱含量均较为适宜，而糖碱比以高施氮量时较协调。下部叶在施氮量达 8.0kg/亩以上时总糖和烟碱含量较为适宜，糖碱比较为协调；而施氮量低于 8.0kg/亩时烟碱含量偏低，导致糖碱比失调。

红壤上烟叶的化学成分分析结果则表明（表 5-7），除不施氮时明显偏低外，下部叶的烟碱含量均处在一个合适范围，但糖碱比呈现不协调的现象，应该与该部位烟叶的总糖含量过高有密切的关系。除不施氮外，中部叶的烟碱和总糖含量基本处于合适范围，糖碱比较为协调，都在 8～10，且氮碱比也处在一个适宜水平。施氮量为 5.5～7.0kg/亩时，上部叶化学成分较为协调，总糖和烟碱含量都处在一个适宜范围；而施氮量高于 8.5kg/亩时，烟叶总糖含量基本适宜，但糖碱比明显偏低，与烟碱含量超标有关。此外，红壤施用氮肥时各部位烟叶的烟碱和总氮含量与不施氮相比有明显增加；除上部叶外，不同施氮量间烟碱和总氮含量无显著差异，说明氮肥用量对红壤上、中、下部叶的烟碱及总氮含量影响不大。

表 5-7 施氮量对烟叶化学成分的影响（红壤）

部位	施 N 量（kg/亩）	总糖（%）	烟碱（%）	总氮（%）	糖碱比	氮碱比
下部叶	0	27.78	0.79	1.44	35.16	1.84
	5.5	24.94	1.72	1.86	14.62	1.09
	7.0	24.97	1.77	1.99	13.55	1.04
	8.5	22.42	1.81	2.16	12.48	1.21
	10.0	21.27	1.64	2.18	12.95	1.33
中部叶	0	31.01	1.01	1.48	32.31	1.53
	5.5	23.60	2.52	2.00	9.51	0.80
	7.0	26.29	2.75	1.98	9.36	0.76
	8.5	25.16	2.71	2.16	9.32	0.80
	10.0	23.42	2.69	2.30	8.85	0.86
上部叶	0	26.65	1.83	1.83	15.04	1.01
	5.5	21.60	3.10	2.36	7.09	0.77
	7.0	21.99	3.04	2.22	7.26	0.73
	8.5	19.08	3.62	2.68	5.30	0.74
	10.0	18.36	4.36	2.85	4.06	0.67

三、对烟叶感官质量的影响

烟叶的评吸结果与施氮量同样存在密切的关系。由表 5-8 可见，施氮量对各等级烟叶的单项评吸结果影响很大。除 9.0kg/亩处理较差外，施氮量对下部叶香气质评分的影响不大。随着施氮量的增加，香气量评分有增加的趋势，但伴随着吃味变差、杂气变重的趋势。随着施氮量的增加，中部叶各项评吸指标均有朝着好方向发展的趋势，施氮量达 7.5kg/亩时总分达到最高。施氮量小于 6.0kg/亩时，随着施氮量的增加，上部烟各项评吸指标有朝着好方向发展的趋势；施氮量继续增加到 7.5kg/亩时，香气量评分呈继续增加的趋势，但其他指标的评分急剧降低，烟叶的可用性不高。

表 5-8 施氮量对烟叶评吸结果的影响

部位（等级）	施 N 量（kg/亩）	香气质	香气量	吃味	杂气	刺激性	劲头	总分
下部叶（X2L）	0	7.6	6.6	9.3	8.2	8.1	较小	39.8
	3.0	7.7	6.8	9.0	7.9	7.7	较小	39.1
	4.5	8.0	7.5	9.3	8.1	7.6	较小	40.5
	6.0	7.7	7.4	8.8	7.6	7.5	较小	39.0
	7.5	7.8	7.7	8.7	7.9	7.5	较小	39.6
	9.0	7.2	7.8	8.4	7.4	7.5	较小	38.3
中部叶（C3L）	0	7.8	7.2	9.0	8.0	7.6	适中偏小	39.6
	3.0	7.8	7.4	9.2	7.9	7.5	稍小	39.8
	4.5	7.9	7.6	9.0	7.8	7.5	适中偏小	39.8
	6.0	7.8	7.8	8.9	7.8	7.4	适中	39.7
	7.5	8.1	8.0	9.4	8.0	7.9	适中	41.4
	9.0	8.0	7.9	9.0	7.9	7.8	适中偏大	40.6
上部叶（B2L）	0	8.0	7.5	9.1	8.0	7.4	适中	40.0
	3.0	7.6	7.5	9.0	7.6	7.4	适中	39.1
	4.5	7.9	7.7	9.1	7.9	7.4	稍大	40.0
	6.0	7.9	7.9	9.2	7.9	7.5	稍大	40.4
	7.5	7.5	8.0	8.7	7.7	6.7	大	38.6
	9.0	7.3	8.0	8.5	7.5	6.5	大	37.8

注：烟叶香气质、香气量、吃味、杂气、刺激性均以 10 分制计分

在不同的土壤类型上，施氮量对烟叶内在品质评吸结果的影响是不一样的。对水稻土、红壤、黄壤、紫色土不同土壤类型进行研究（表 5-9）发现，对于水稻土、红壤、黄壤，烟叶内在品质评吸结果较好的施氮量为 9～13kg/亩，对于紫色土为 5kg/亩。

不同烤烟品种对氮肥的需求同样存在很大差异。李天福等（1995）对‘红大’‘G28’‘K326’三个品种进行施氮量研究（表 5-10），结果表明：耐肥性弱的品种‘红大’‘G28’烟叶评吸结果最佳时的施氮量为 5kg/亩，而耐肥性强的品种‘K326’要在施氮量达 8.0kg/亩时烟叶的评吸结果才能达到最佳。

表 5-9 不同土壤与施肥量对烟叶内在品质评吸结果的影响

地点及土类	施N量（kg/亩）					
	0	5	7	9	11	13
玉溪水稻土	72.5	73.0	73.5	74.0	72.5	73.0
宜良水稻土	72.0	73.0	72.0	73.0	76.0	73.5
文山红壤	72.5	73.5	74.0	72.5	75.5	74.0
寻甸黄壤	71.5	73.5	74.5	75.5	75.5	76.5
楚雄紫色土	70.5	73.5	71.0	71.5	72.0	71.0

表 5-10 不同品种与施氮量对烟叶评吸结果的影响

品种	施N量（kg/亩）	香气	吃味	杂气	刺激性	劲头	燃烧性	灰分	总分
红大	5	17.5	18.5	14.0	7.0	9.0	3.0	3.0	72.0
	8	18.0	18.0	12.5	6.5	10.0	3.0	3.0	71.0
	11	17.0	18.0	13.5	7.5	9.0	3.0	3.0	71.0
G28	5	19.0	19.5	15.0	8.0	9.5	3.0	3.5	77.5
	8	18.5	18.5	14.0	7.5	10.0	3.0	3.5	75.0
	11	18.5	19.0	14.0	7.5	10.0	3.0	3.5	75.5
K326	5	17.5	18.5	14.5	7.0	10.0	3.0	3.5	74.0
	8	19.5	19.5	15.0	8.0	10.0	3.0	3.5	78.5
	11	19.0	19.0	15.0	7.0	10.0	3.0	3.5	76.5

注：烟叶香气和吃味的权重各占25%，杂气占20%，刺激性和劲头各占10%，燃烧性和灰分各占5%

从以上评吸结果可以看出，施氮量对烟叶品质的影响很大，适宜的施氮量可以提高烟叶品质，而不适宜的施氮量会使烟叶失去应有的使用价值。由于土壤条件的差异和品种的不同，烤烟对施氮量的要求也会有所不同。

第二节 氮素形态对烤烟生长及烟叶产质量的影响

烤烟属于典型的喜硝态氮植物。虽然铵态氮和硝态氮都能被烤烟吸收利用，但这两种形态的氮对烤烟生长发育的影响并不一样，且在不同生态区域烤烟对铵态氮和硝态氮的需求也存在差异。

一、对烤烟经济性状的影响

同供应铵态氮相比，供应硝态氮时，烟株生长发育速度加快，主茎更粗，叶片更大，产量更高，上等烟比例提高。在土壤栽培条件下，硝态氮的优越性在酸性土壤上表现得更加突出。云南通海（水稻土）、楚雄（紫色土）、寻甸（黄壤）、宜良（红壤）4 种不同土壤类型上进行不同氮素形态比例对烟叶质量影响的研究结果表明：通海水稻土和寻甸黄壤均以硝态氮比例为 40%时，烤烟各项经济性状指标最好；从综合效益考虑，楚雄紫色土以硝态氮比例为 20%时产值最高；宜良红壤上烤烟对硝态氮比例的反应不敏感，硝态氮比例从 20%增加到 80%，其经济性状指标无差异，也就是说 20%比例的硝态氮就可以满足烤烟的生长需求（表 5-11）。

表 5-11　不同氮素形态对云南烤烟经济性状指标的影响

地点	NO_3^--N：NH_4^+-N	产量（kg/亩）	产值（元/亩）	上等烟比例（%）
通海	0：0	184.62	3069.47	64.45
	20：80	229.54	3769.62	67.46
	40：60	245.39	4293.69	70.28
	60：40	196.46	3143.78	63.63
	80：20	198.15	3268.38	62.34
楚雄	0：0	123.09	1620.21	24.13
	20：80	161.15	2336.07	38.90
	40：60	150.97	2152.59	40.83
	60：40	151.64	2125.28	35.95
	80：20	157.24	2385.24	41.58
寻甸	0：0	121.03	1178.70	15.30
	20：80	128.09	1403.40	16.40
	40：60	155.87	2109.86	37.52
	60：40	138.79	1748.25	27.13
	80：20	134.16	1551.48	22.68
宜良	0：0	53.10	2779.80	0.00
	20：80	156.70	2334.00	38.77
	40：60	156.00	2328.30	38.77
	60：40	157.71	2341.70	38.29
	80：20	157.85	2348.37	38.79

注：通海氮肥用量为 9kg/亩；楚雄和寻甸氮肥用量为 8kg/亩；宜良氮肥用量为 7.5kg/亩

二、对烟叶化学成分的影响

田间试验结果表明，云南烤烟的化学成分虽然在一定程度上受到氮素形态配比的影响，但各处理间的差异并不明显，烟碱含量基本都在适宜范围，并以硝态氮比例为 67%时烟碱含量相对较低。总体来看，各处理间无明显差异（表 5-12）。

表 5-12 不同氮素形态对烟叶化学成分的影响

部位	NO_3^--N：NH_4^+-N	总糖（%）	还原糖（%）	烟碱（%）	糖碱比	氮碱比
中部叶	67：33	35.96	31.43	2.04	17.6	0.87
	50：50	31.33	27.29	2.76	11.34	0.78
	33：67	36.70	33.26	2.64	13.88	0.81
上部叶	67：33	31.87	28.95	3.29	9.68	0.73
	50：50	32.22	30.07	3.33	9.69	0.75
	33：67	29.81	28.58	3.53	8.43	0.68

研究结果还表明，在三种类型不同的土壤上，除楚雄红壤上烟叶的碳水化合物（总糖和还原糖）含量随硝态氮的比例增加而增加外，烟叶的碳水化合物和烟碱含量均随硝态氮的比例增加呈下降趋势，钾含量也有增加趋势，总氮含量变化不大（表 5-13）。在不同的土壤类型上，氮素形态对烟叶化学成分变化规律的影响是相同的，与土壤类型关系不大。

表 5-13 氮素形态对云南不同土壤上烟叶化学成分的影响

地点	NO_3^--N：NH_4^+-N	总糖（%）	还原糖（%）	总氮（%）	烟碱（%）	K（%）
通海	0：0	27.93	23.96	2.09	2.37	2.64
	20：80	27.72	21.79	1.74	2.32	2.51
	40：60	27.65	20.83	1.86	2.72	2.24
	60：40	23.19	17.41	1.87	2.93	2.74
	80：20	25.28	20.43	1.80	2.50	3.03
楚雄	0：0	32.50	24.15	1.93	2.09	1.86
	20：80	31.04	22.65	1.84	2.08	2.12
	40：60	30.81	22.62	2.02	1.86	2.18
	60：40	32.76	23.58	1.80	1.91	1.91
	80：20	33.96	25.00	1.82	1.82	2.03
寻甸	0：0	35.15	29.27	1.63	1.46	1.84
	20：80	30.55	24.78	1.84	2.22	2.34
	40：60	27.66	24.10	1.84	1.79	2.58
	60：40	32.50	28.83	1.98	1.83	2.08
	80：20	26.61	22.26	1.95	1.67	2.98

多年多点的不同氮素形态配比栽培试验结果说明，在主要化学成分上，硝态氮比例的增加并未使烟叶的总氮、烟碱和钾含量发生实质性变化。在施氮量相等的前提下，随硝态氮的比例增加，烟叶的总氮含量基本呈平稳趋势；烟碱和钾含量有一定变化，但没有规律性；碳水化合物呈降低趋势。

第三节　烤烟氮肥利用率

一、品种对氮肥利用率的影响

不同品种具有不同的栽培与生理生化特性，因此对肥料的需求、吸收和利用也是不相同的。李天福等（1999a）在云南进行了不同品种烤烟养分利用率的研究，结果表明：在同等施肥水平下，‘红大’的氮肥利用率最高，其次是‘G28’‘K326’，‘红大’的氮肥利用率是‘G28’的1.12倍，是‘K326’的1.74倍（图5-1）。

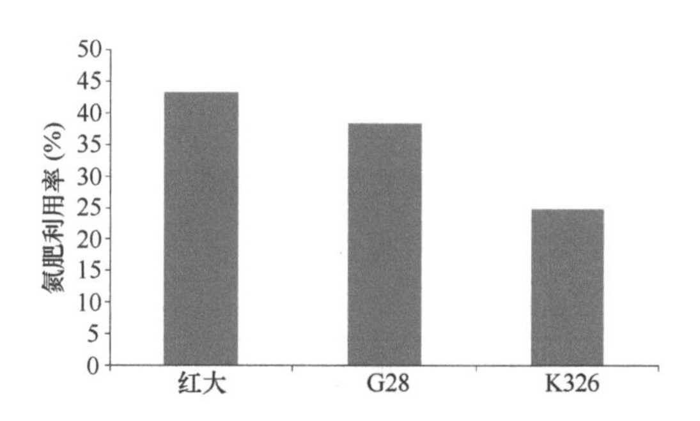

图5-1　不同品种烤烟的氮肥利用率

以上结果说明，不同品种的烤烟对氮肥的吸收与利用率有明显差异，肥料利用率高的品种吸收和利用肥料的能力强，相应对肥料的需求较少，即通常所说的耐肥性弱，反之则耐肥性强。

二、土壤类型对氮肥利用率的影响

云南玉溪、昆明（宜良）、文山（平远）、曲靖（寻甸）、楚雄不同土壤类型上烤烟的氮肥利用率差异很大，其中以文山红壤最高，烤烟氮肥利用率高达73.63%，其次是昆明水稻土，可达61.49%，玉溪水稻土和楚雄紫色土能分别达到54.12%和52.61%，而曲靖黄壤最低，仅为31.70%（表5-14）。

表5-14　不同土壤类型上烤烟的氮肥利用率

地点	土类	pH	有机质（g/kg）	全氮（%）	速效氮（mg/kg）	氮肥利用率（%）
玉溪	水稻土	7.25	14.7	0.081	78.9	54.12
昆明	水稻土	6.31	20.1	0.110	102.5	61.49
文山	红壤	6.40	16.4	0.078	106.5	73.63
曲靖	黄壤	7.21	22.0	0.126	93.6	31.70
楚雄	紫色土	5.91	7.5	0.078	38.1	52.61

三、氮肥用量对氮肥利用率的影响

氮肥用量对烤烟氮肥利用率也存在影响。在土壤有效氮含量较低的土壤上，烤烟氮肥利用率随施肥量增加而降低，如楚雄紫色土和玉溪水稻土；在昆明水稻土和文山红壤上，烤烟氮肥利用率与施肥量呈二次曲线关系；在有效氮含量较高的曲靖黄壤上，烤烟氮肥利用率随施肥量增加而增加。平均来看，以每亩施氮 9～11kg 处理的氮肥利用率较高，平均为 56.61%（表 5-15）。

表 5-15　不同土壤与施氮量对烤烟氮肥利用率的影响　（%）

地点	土类	施 N 量（kg/亩）				
		5	7	9	11	13
玉溪	水稻土	65.20	64.57	55.11	42.36	43.38
昆明	水稻土	34.60	46.14	76.11	81.91	68.69
文山	红壤	83.40	69.86	68.11	76.00	70.77
曲靖	黄壤	29.20	29.43	31.00	33.91	35.15
楚雄	紫色土	59.80	54.29	51.33	50.27	47.38
平均		54.44	52.86	56.33	56.89	53.07

四、磷钾肥用量对氮肥利用率的影响

在云南寻甸、楚雄、宜良、晋宁等地进行不同磷钾配比对烤烟氮肥利用率影响的研究，结果表明：P_2O_5 比例越高，烤烟氮肥利用率越低，N∶P_2O_5 由 1∶1 到 1∶2，氮肥利用率平均降低 18.50 个百分点；K_2O 比例增加，烤烟氮肥利用率也有一定程度下降，相对而言下降较少（表 5-16）。

表 5-16　磷钾配比对烤烟氮肥利用率的影响

肥料	配比	氮肥利用率（%）
N∶P_2O_5	1∶1	55.11
	1∶1.5	51.00
	1∶2	36.61
N∶K_2O	1∶2	49.37
	1∶3	45.78

五、基追肥比例对氮肥利用率的影响

在云南玉溪研究了不同基追肥比例对烤烟氮肥利用率的影响。从图 5-2 可见，随着追肥比例的提高，烤烟氮肥利用率随之明显提高，当追肥比例增加到30%以上时，烤烟氮肥利用率增加幅度减小，当追肥比例增加到50%以上时，烤烟氮肥利用率不再增加。

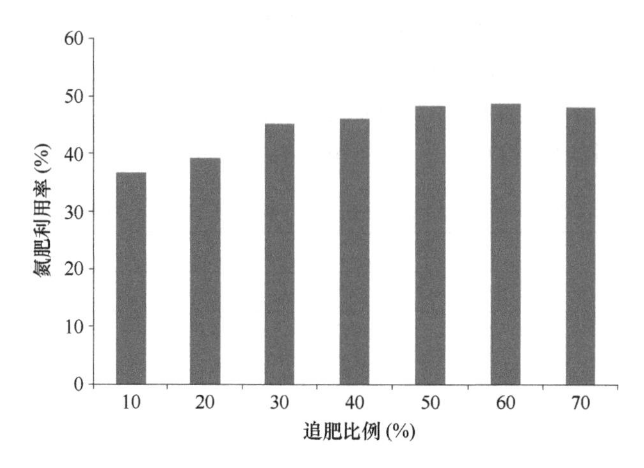

图 5-2　不同追肥比例对烤烟氮肥利用率的影响

六、施肥方法对氮肥利用率的影响

陈萍等（2003）在云南玉溪红砂壤上上，以^{15}N 双标记硝酸铵研究了不同施肥方法对烤烟氮肥利用率的影响。试验设基肥全条施、2/3基肥＋1/3追肥和1/3基肥＋2/3追肥三个处理，追肥在栽后10天施入，施氮量为6g/株。研究结果（图5-3）表明，烤烟对氮素营养的吸收，随着生育进程的推进逐渐增加，移栽后40天第一次取样的吸收量较少，移栽后100天的吸收量较多，氮肥利用率也较高。三种不同施肥处理中，烤烟氮肥利用率以全条施处理最低，2/3基肥+1/3追肥处理居中，1/3基肥+2/3追肥处理最高。

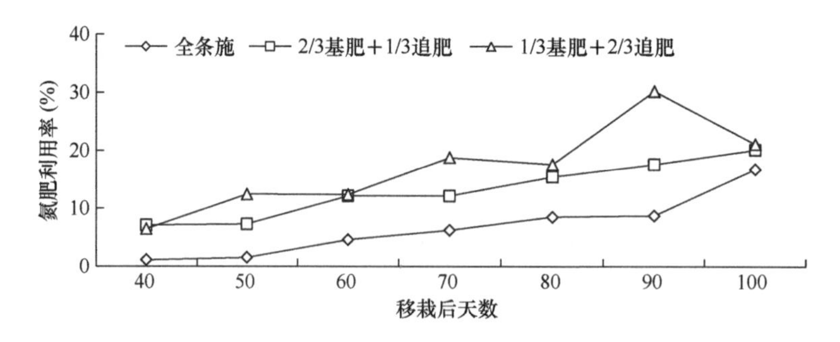

图 5-3　不同施肥方法的烤烟氮肥利用率

第四节　氮肥合理施用

在所有营养元素中，氮素对烟叶品质的影响最大。同时，氮素对烟叶的烘烤过程和烘烤特性也有重要影响。氮素不足会导致烟叶产量降低，所产烟叶色淡、平滑、香气不足；而过多的氮素尽管能少量增加产量，但会使烟叶成熟困难、烘烤难度加大，而且容易使烟叶感染病虫害，所产烟叶烟碱含量太高，劲头和刺激性过大，影响可用性。

一、氮肥推荐量

氮素对烤烟的影响是多方面的，随施氮量增加，烤烟成熟期延迟，烤后烟叶颜色从淡黄向黄、橘黄及棕色变化；氮素是烟碱分子的组成部分，是影响烟株根系合成烟碱的主要因子。随施氮量由不足至过量，叶片的烟碱含量增加，而糖分含量减少，超量施氮反而降低烟叶产质量。

氮肥用量研究主要集中在不同品种、土壤条件、海拔、降水量等对适宜施氮量的影响方面，我国主产烟区基本明确了适宜的氮肥用量（表 5-17）。

表 5-17　我国主产烟区适宜的氮肥用量

产区	氮肥用量（kg/亩）	烟株吸氮量（kg/亩）	烟叶产量（kg/亩）	降水量（mm）
广东	7～9	5.5～6.0	120～140	>1200
福建	8～8.5	4.0～4.5	120～140	>1200
云南、贵州	6～8	4.0～5.0	120～150	1000～1200
安徽	6～7	5.0～6.0	140～150	1000
湖北	3～7	4.0～4.5	110～120	1000
河南、山东	4.5～5.5	4.0～6.0	120～140	<800
黑龙江	3～4	5.0～6.0	125～150	<800

二、降水对氮肥用量的影响

目前，我国烤烟氮肥利用率不是很高，平均仅为 30%～40%。影响我国氮肥利用率和氮肥使用量的主要因素是淋失（淋溶损失）。减少淋失的重要措施包括减少基肥使用比例、地膜覆盖、适当深施、调整施肥位置等。我国目前烤烟基肥中氮用量占总氮量的比例多在 40%以上，而移栽后 20 天左右烟株所需的肥料极少，而且根系没有延伸到基肥施用区域，无法利用基肥。所以，美国大约有 40%面积的烟田在烟株移栽时不使用任何肥料，而是在移栽后 15 天左右一次性施入肥料，以减少淋失。巴西烤烟施肥中也是追肥氮量超过基肥氮量。美国烟区在烤烟生长前期的降水量与我国贵州、湖北、安徽等产区相近，比湖南、江西、广东等烟区要低，而巴西烟区在烤烟生长前期的降水量一般低于我国南方烟区。因此，我国这些地区更应该降低基肥比例而增加追肥比例。

陈萍等（2003）研究表明，增加追肥比例可以显著增加烤烟氮肥利用率。此外，覆盖地膜可以大大减少进入施肥区的雨水量，因此可以起到良好的防淋失效果。适当深施可以减少水平径流，这是我国南方烟区减少氮肥损失的一个主要途径。通过调整施肥位置，可使肥料在土壤中的位置与烤烟根系分布规律相吻合，也是改进烤烟施肥技术、提高其氮肥利用率的重要环节。

三、品种对氮肥用量的影响

受遗传特性影响，不同品种烤烟的需肥特性和养分吸收规律会有较大的差异，相应最佳氮肥用量也会有较大差异。‘K326’属于耐肥性较强的品种，随各地品种更新力度的提高，各种替代品种和具有地方特色的品种相继出现，应加快配套栽培技术措施，特别是最佳氮肥用量的试验研究工作，以发挥品种最大优势。

在多数情况下，云南烟区土壤有机质含量＜15g/kg 或速效氮含量＜60mg/kg 的属低氮肥力土壤，有机质含量在 15～30g/kg 或速效氮含量在 60～120mg/kg 的属中等氮肥力土壤，有机质含量＞30g/kg 或速效氮含量＞120mg/kg 的属高氮肥力土壤。经多年多点试验示范，在精耕细作的条件下，在中等氮肥力土壤上种植烤烟‘K326’‘云烟 85’‘云烟 87’等需肥量多的品种，适宜的施氮量一般为 6～8kg/亩；而‘红大’等需肥量少的品种为 4～5kg/亩（表 5-18）。

表 5-18　土壤供氮能力指标与施氮量

级别	有机质（g/kg）	速效氮（mg/kg）	不同品种纯氮用量（kg/亩）			
			K326	云烟 85	云烟 87	红大
高	＞45	＞180	2～4	2～4	2～4	1～3
较高	30～45	120～180	4～6	4～5	4～5	3～4
中等	15～30	60～120	6～8	5～7	5～7	4～5
低	＜15	＜60	8～9	7～8	7～8	5～6

四、氮肥施用方法

在确定烤烟的适宜施氮量后，还必须辅以正确的施肥方法，即保证在恰当的时间于距烟株恰当的位置进行施肥，才能最大限度地发挥肥料的作用，提高烤烟产质量和氮肥利用率。

氮肥施入深度对其被烟株吸收利用不存在大的影响，因为植物根系的向肥性和烤烟对氮肥的偏好都会促使根系向氮肥附近靠拢。影响氮肥有效性的最大因素是挥发和淋失，虽然南方和北方烟区的烟叶产量差异不大，带走的氮量也接近，但施氮量相差 2～3 倍，主要原因之一是南方烟区雨水过多，造成氮素大量淋失。而且，起垄方式、施肥较浅及目前烤烟生产中硝态氮比例过大都造成氮素大量淋失，但由于土壤的机械阻力和化学吸附作用，氮素向下淋失的过程较慢。其中，烤烟采用垄栽，易发生地表径流，会导致氮素大量损失。铵态氮施用量过高时，可使土壤 pH 升高，会造成氨的挥发。所以无论是基肥还是追肥，都应适当深施，深度达到 15～20cm，不能低于 10cm，否则会造成氮肥大量损失。

施用方式对烤烟氮肥利用率和产质量的影响在不同的区域表现不同。烤烟常见的施肥方法有穴施、单行条施、双行条施、环施、侧施等。无论哪种施肥方法，都必须与垄上烟株根系的分布规律相一致才能最有效地发挥肥料的作用。对烤烟大田根系分布研究表明，根系大部分分布在 10～15cm 深度，垂直分布于主茎下方的侧根极少，以起支撑作用的固定根为主。旺长期烟株大量的侧根主要分布在距主茎 10～25cm 的范围，因此最好是在距烟株 10～15cm 处环状施肥。

研究表明，环施的效果最好，但操作麻烦，投工量大；侧施的效果仅次于环施，推荐侧施。双行条施是在烟株两侧距主茎 15～20cm 的平行垄体上条施，是美国烤烟生产采用的主流技术，占 80%以上。对比移栽时双行条施、移栽后 10 天双行条施、移栽时行下单行条施和撒施 4 种不同施肥方式，在土壤含水量充足但不过量的条件下，移栽时双行条施和移栽后 10 天双行条施比另外两种施肥方式的效果好（表 5-19）。如果移栽后雨量较大，出现肥料淋失现象，则移栽后 10 天双行条施效果最好，移栽时双行条施效果次之；如果土壤干旱，出现肥料灼烧现象，也是移栽后 10 天双行条施效果最好，移栽时行下单行条施效果最差。

表 5-19　不同施肥方法对烤烟产量和产值的影响

施肥方法	产量（kg/亩）	产值（元/亩）
移栽时双行条施	173.4	4573.21
移栽后 10 天双行条施	175.2	4887.33
移栽时行下单行条施	168.1	4268.63
撒施	168.1	4277.34

一般情况下，为实现减肥增效和减工降本的目标，云南烟区含氮肥料的基肥比例应控制在 30%～40%，追肥比例以 60%～70%为宜。

五、氮素营养失调与调控

（一）症状

烤烟氮素营养失调可分为两种情况：一种是营养不良，另一种是营养过剩。与正常烟株（图 5-4）相比，严重缺氮时烟株蹲塘不长、瘦弱矮小，出现早花和早衰，下部叶黄化并逐渐向中上部扩展，并引起烟叶假熟，烟叶身份变薄，或出现烟田“脱肥”现象，严重影响烟叶产质量（图 5-5）；氮肥过量时烟叶颜色浓绿，难以正常落黄，产量高而品质低劣（图 5-6）。

图 5-4　施氮适宜的烟株

图 5-5　缺氮而长势不足的烟株

图 5-6　施氮过量而长势过旺的烟株

（二）防治措施

根据土壤养分测试结果，结合品种需肥特性确定适宜的施氮量。当烟株生长前期出现缺氮症时，可酌情兑水施用氮钾追肥或烟草专用肥 5～10kg/亩；当烟株生长中后期出现缺氮症时，可叶面喷施 1.0%～1.5%的硝酸钾溶液 2～3 次；在施氮过量而难以落黄的情况下，可叶面喷施 2%～3%的硫酸钾溶液 2～3 次。

第六章 云南烤烟磷钾肥施用

磷素是烤烟生长发育所必需的三大营养元素之一，与氮素和钾素相比，磷素研究较少。烤烟是嗜钾作物，在其生长所需的营养元素中，钾素是公认的品质元素，钾素对烤烟品质的最显著和最直观影响体现在对燃烧性的影响上。

第一节 磷 肥 施 用

正常情况下，烤烟根、茎、叶的磷含量较为均衡，均为0.2%左右，而幼嫩器官如顶杈的磷含量相对较高。磷素被烟株吸收后，主要参与组成叶片、花蕾和顶杈中物质。

一、磷肥与烤烟生产

（一）磷肥利用率

根据李天福等（1999a，1999b）在玉溪、宜良、文山、寻甸、楚雄的研究，施磷（P_2O_5）量在10～26kg/亩，烤烟磷肥利用率无明显变化规律，变异不大且比较恒定，为8.0%左右（表6-1）。

表6-1 不同土壤类型与施磷量对烤烟磷肥利用率的影响 （%）

地点及土类	P_2O_5用量（kg/亩）				
	10	14	18	22	26
玉溪水稻土	8.18	5.36	6.82	5.99	5.94
宜良水稻土	9.55	15.59	14.52	8.98	11.55
文山红壤	6.82	10.06	10.98	8.57	7.52
寻甸黄壤	4.09	6.01	5.93	3.72	4.46
楚雄紫色土	11.59	7.79	8.84	7.64	6.47
平均	8.05	8.96	9.42	6.98	7.19

根据陈萍等（2003）的研究，烟株对磷素营养的吸收，随着生育进程的推进呈逐渐增加趋势，移栽后40天第一次取样的吸收量较少，磷肥利用率也较低；移

栽后 100 天的吸收量较多，磷肥利用率也较高。三种不同施肥方法中，磷肥利用率、烟株干物质量、烟株吸收自肥料的磷素占比以全条施处理最低，1/3 基肥+2/3 追肥处理居中，2/3 基肥+1/3 追肥处理最高（图 6-1）。

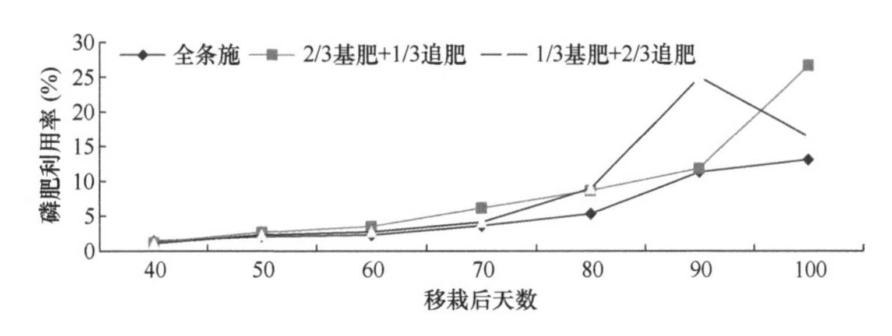

图 6-1　不同施肥方法的磷肥利用率

（二）磷肥施用量与烟叶营养元素含量的关系

砂培试验结果表明，在缺磷的情况下，施用磷肥可提高烟叶的钾和硼含量；在高磷的情况下，施用磷肥则明显降低烟叶的钾和硼含量。随着施磷量增加，烟叶钙和锰含量升高，而镁和钼含量下降，其他元素变化不明显（表 6-2）。

表 6-2　氮磷配比对烟叶营养元素含量的影响

N∶P_2O_5	N（%）	P（%）	K（%）	S（%）	Cl（%）	B（mg/kg）	Mo（mg/kg）	Cu（mg/kg）	Zn（mg/kg）	Mn（mg/kg）	Fe（mg/kg）	Ca（mg/kg）	Mg（mg/kg）
1∶0	1.70	0.07	1.72	0.35	0.31	8.8	0.58	55.9	25.8	68.6	299	3.32	0.55
1∶0.5	1.41	0.18	2.73	0.40	0.41	15.6	0.41	66.9	16.7	85.6	367	3.43	0.43
1∶1	1.56	0.20	1.96	0.36	0.39	12.7	0.40	37.8	18.6	100.6	211	3.33	0.42
1∶2	1.51	0.27	2.01	0.34	0.38	12.6	0.37	45.5	17.7	91.5	269	3.76	0.34
1∶3	1.64	0.49	2.11	0.38	0.39	10.5	0.29	43.7	14.4	109.5	245	3.92	0.31

（三）磷肥用量与烟叶产质量的关系

田间试验结果表明，在一定范围内，磷肥用量对烟叶的产量、外观品质影响不大，各处理间差异不明显，N∶P_2O_5 配比采用 1∶1 较为经济合理（表 6-3）。

表 6-3　磷肥用量对烟叶产质量的影响

N∶P_2O_5	产量（kg/亩）	产值（元/亩）	上等烟比例（%）
1∶1	188.04	1459.19	67.70
1∶1.5	184.95	1444.46	68.79
1∶2	185.81	1436.31	69.02

另外，随着施磷量增加，烟叶总糖含量降低，烟碱含量有所增加（表 6-4）。

表 6-4　磷肥用量烟叶化学成分的影响

$N:P_2O_5$	总糖（%）	还原糖（%）	总氮（%）	烟碱（%）
1∶1	26.83	23.20	1.97	1.99
1∶1.5	26.42	22.52	2.07	2.05
1∶2	25.81	22.14	2.03	2.02

二、磷肥合理施用

云南烟叶的磷含量相对稳定，一般在 0.2%左右，不因施磷量的增加而增加。虽然烤烟对磷素的吸收量比氮素少得多，但磷素在烟株的生长发育、烟叶的品质形成中所起的作用与氮素同样重要。由于烤烟的磷肥利用率低，仅为 8%左右，因此在烤烟生产中磷肥施用量往往与氮肥相当或稍多一些。

经多年试验与示范可知，云南烟区氮磷比（$N:P_2O_5$）可由过去普遍的 1∶2 降至 1∶0.5～1.0。一般情况下，如施用 $N:P_2O_5:K_2O$=12∶12∶24、10∶10∶25、15∶15∶15 的烤烟复合肥，就不必再施用普钙或钙镁磷肥；如施用的烤烟复合肥是硝酸钾，则每亩再施用普钙或钙镁磷 20～30kg 就可满足烤烟生产需要。可根据土壤分析结果，结合所用复合肥，有针对性地施用磷肥（表 6-5）。

表 6-5　土壤供磷能力指标与推荐氮磷配比（$N:P_2O_5$）

级别	速效磷（mg/kg）	烤烟品种			
		K326	云烟 85	云烟 87	红大
高	＞40	1∶0.2～0.5	1∶0.2～0.5	1∶0.2～0.5	1∶0.2～0.5
中等	10～40	1∶0.5～1	1∶0.5～1	1∶0.5～1	1∶1～1.5
低	＜10	1∶1～1.5	1∶1～1.5	1∶1～1.5	1∶2

三、磷素营养失调与调控

（一）症状

由于磷素营养和氮素营养有密切关系，当供磷不足而供氮充足时，烟株的氮代谢遭受破坏，不利于氨基酸和蛋白质的形成。缺磷会引起烟叶磷、氮和镁含量降低。缺磷烟株生长发育迟缓，明显滞后于正常烟株，成熟延迟；叶片伸展受阻、变窄而上竖，茎叶夹角变小；叶色深绿（暗绿），有时下部叶出现白色斑点（图 6-2 和图 6-3）；烟叶调制后呈深棕色，油分少，无光泽，柔韧性差，易于破损。

图 6-2　烟株缺磷症状（轻症）

图 6-3　烟株缺磷症状（重症）

（二）防治措施

磷素对烤烟生长初期影响最大，若生长初期磷肥供应不足，则烤烟成熟期明显推迟，故磷肥多在移栽前作基肥一次性施入。出现缺磷的烟株，叶面喷施磷肥的效果最好，可用 1%～2%过磷酸钙或 0.2%～0.5%磷酸二氢钾溶液喷施 1～2 次。

第二节　钾 肥 施 用

在必需的三大营养元素中，烤烟对钾素的吸收最多，当钾供应充足时，氮、钾肥的吸收比（N∶K_2O）为 1～2。含钾量高的烟叶油分足，富有弹性和韧性，烘烤后呈深橘黄色，加工后的烟丝燃烧性好，阴燃持火力高，产生的有害物质少，安全性高。

一、钾肥与烤烟生产

（一）钾素对烤烟产质量的影响

国际上普遍将钾含量作为评价优质烤烟的重要指标之一。在缺钾的土壤上施用钾肥可以显著提高烟叶的产量，改善烟叶的品质。烤烟对钾肥的反应取决于土壤的有效钾水平。多数研究表明，在有效钾含量高的土壤上，烟叶产量对施用的钾肥没有反应。实际生产中，烟农常常施用比获得最高烟叶产量所需多得多的钾肥，以改善烟叶品质。一般认为，必须施用最佳产量需钾量 2～3 倍的钾肥才能获得优质烟叶。

面对烟叶钾含量低，特别是打顶后整株吸钾量稳定甚至下降，人们首先想到的是增加钾肥用量，以保证钾素供给充足，但在生产中往往只注重基肥或前期的追肥。尽管云南土壤中黏土矿物以 1∶1 型高岭石和铁铝氧化物为主，对钾素的固定较少，可以忽略，但由于气候多变，烤烟生育期降水较多，旺长至成熟前期出现雨量高峰值，虽然比较符合烤烟的需水规律，但对于钾肥来说，有可能随雨水向下淋溶或随地表径流损失。另外，从烤烟的钾素营养需求规律来看，烤烟对钾素的吸收速率前期较小，在移栽后 40～50 天达到高峰，因此尽管底肥中有充足的钾肥，但到烟株生长后期亦可能出现钾素亏缺，尤其是根际亏缺。

根据李天福等（1999a）的研究，在中等肥力土壤上，氮钾肥配比（N∶K_2O）从 1∶2 增至 1∶3 对烟叶的产量、外观质量和评吸品质影响不大（表 6-6）。因此，多数烟田采用 1∶2 的氮钾肥配比较为经济合理。

表 6-6　氮钾肥配比对烤烟产质量的影响

N∶K_2O	产量（kg/亩）	产值（元/亩）	上等烟比例（%）	生物产量(kg/亩）	评吸得分
1∶2	184.22	1444.28	68.10	544.81	74.0
1∶3	188.31	1448.10	68.91	558.85	74.0

（二）钾肥利用率

烤烟达到最高产量所需的钾肥量随基因型、土壤有效钾水平、土壤供钾水平（容量）、土壤类型和其他因素的不同而有所差异，烤烟对钾肥的反应在很大程度上取决于土壤有效钾的水平。许多文献指出，将钾肥施于有效钾在中等到高量水平的土壤中时，烤烟产量对施入的钾离子很少产生反应或没有反应。产量无反应是不断向土壤中施用大量钾肥的结果，有些情况下是心土钾在对烤烟起作用。但随着施钾量超过最高产量需钾量后继续增加，烤烟品质仍不断提高。可见，钾肥对烤烟品质的影响显著大于其对烤烟产量的影响。

2001 年前，我国烟叶的钾含量与优质烤烟主产国相比仍处在一个相对较低的水平，尽管目前已有很大程度的提高，但调查结果表明，云南烟叶钾含量虽然较高，但平均在 2.5%以下。因此，进一步提高钾含量已成为改善烟叶质量的重要方面。2001 年后，云南各烟区都根据当地的具体情况不同程度地进行了钾肥施用量、施肥时间及钾肥种类等方面的研究，并取得了很好的结果，为提高烟叶的整体品质水平作出贡献。

根据李天福等（1999a）的研究结果，烤烟的钾肥利用率一般随施钾量增加而降低。但是在土壤质地中等及有效钾含量较高的条件下，烤烟钾肥利用率平均为 20.0%左右（表 6-7）。

表 6-7 施钾量对烤烟钾肥利用率的影响 (%)

地点及土类	K_2O 用量（g/株）				
	15	21	27	33	39
玉溪水稻土	5.00	8.62	15.07	10.79	11.64
宜良水稻土	40.40	34.14	32.81	31.33	31.18
文山红壤	42.73	38.24	25.63	30.73	24.72
寻甸黄壤	6.93	11.38	12.67	9.70	9.74
楚雄紫色土	34.00	23.10	18.33	14.85	17.72
平均	25.81	23.10	20.90	19.48	19.00

（三）烟叶钾含量与土壤理化性状的关系

云南主要植烟土壤有红壤、黄壤、紫色土和水稻土，土壤质地可用土壤粒径来量化，其中 1～0.2mm 粒径仅占 5%左右，而小于 0.002mm 粒径占比较高，为 33%～37%，其他粒径占比差异不明显。云南植烟土壤质地与烟叶钾含量的相关分析表明，烟叶钾含量与土壤粒径 1～0.2mm 占比呈极显著正相关，与小于 0.2mm 土壤粒径占比均呈负相关。

土壤理化性状对烟叶钾含量的影响可用通径系数来表征。在土壤理化性状中，对烟叶钾含量影响较大的是 1～0.2mm 粒径、速效硼（B）、交换性钙（Ca）和镁（Mg）、pH、有效锌（Zn）和有效钼（Mo），影响较小的为速效铁（Fe）、有效硫（S）、水溶性氯（Cl）、全 K、有机质等（表 6-8）。所以，用砂质土种植烤烟有利于提高烟叶钾含量，同时硼素对提高烟叶钾含量有较好的促进作用。

表 6-8 土壤理化性状对烟叶 K 含量影响的通径系数

土壤理化性状	通径系数	相对大小	土壤速效养分	通径系数	相对大小
粒径（1～0.2mm）	0.851	1	N	−0.231	14
粒径（0.2～0.02mm）	−0.232	13	P	0.185	15
粒径（0.02～0.002mm）	−0.258	10	K	0.254	11
粒径（<0.002mm）	−0.355	8	Ca	−0.442	4
pH	−0.440	5	Mg	−0.485	3
CEC	−0.148	18	S	0.111	22
有机质	0.131	20	Cl	0.132	19
全 N	−0.342	9	Cu	−0.236	12
全 P	0.155	16	Zn	−0.429	6
全 K	0.113	21	Mn	−0.151	17
			Fe	0.017	23
			B	0.522	2
			Mo	0.412	7

二、钾肥合理施用

（一）钾肥施用量

对于速效钾较丰富（200mg/kg以上）的土壤，肥料氮钾比采用1∶1即可；对于速效钾含量比较低的土壤，肥料氮钾比以1∶2～3为宜。从施钾水平来看，当施钾量（K_2O）达20kg/亩以上，烟叶钾含量并不随施钾量的增加而提高。此外，氮钾肥配比还与氮肥用量有很大关系，低施氮水平下的钾肥比例要高于高施氮水平，如种植‘红大’‘G28’等品种，施氮4～6kg/亩，氮钾比（N∶K_2O）应采用1∶2.5～3.0；如种植‘K326’‘云烟85’‘云烟87’等品种，施氮7～9kg/亩，氮钾比应采用1∶2.5～3。总之，每亩施钾量（K_2O）掌握在15～20kg（表6-9）。

表6-9　土壤供钾能力与肥料氮钾比

级别	速效钾（mg/kg）	品种			
		K326	云烟85	云烟87	红大
高	＞250	1∶1.5～2	1∶1.5～2	1∶1.5～2	1∶2.5～3
中等	100～250	1∶2～2.5	1∶2～2.5	1∶2～2.5	1∶3～4
低	＜100	1∶2.5～3	1∶2.5～3	1∶2.5～3	1∶4～5

（二）钾肥施用时期

烤烟对钾素的吸收高峰在旺长阶段，在生育后期增加钾素供应可显著提高烟叶钾含量。因此，在生育后期充足供钾对提高烟叶钾含量的作用极大，提倡钾肥分次施用。在云南曲靖研究打顶时不同追钾方式对烤烟各部位钾含量影响的结果也证明，打顶时追施钾肥仍然可以在一定程度上提高烟叶钾含量，但不同追钾方式的效果有所差异。根施（即通过根系的吸收作用）处理的效果明显优于喷施处理，其中三种根施处理中又以硫酸钾（K_2SO_4）和硝酸钾（KNO_3）的施用效果较好（表6-10）。

表6-10　不同追钾方式对烤烟不同部位钾含量的影响　（%）

处理	脚叶	下二棚叶	腰叶	上二棚叶	顶叶	茎	根
对照	3.6	3.0	1.9	2.1	2.6	1.0	0.7
根施K_2SO_4	3.9	3.3	2.6	3.0	3.2	1.1	0.7
根施KCl	4.1	3.8	2.3	2.7	3.0	1.1	0.8
根施KNO_3	3.5	3.1	2.6	3.0	3.2	1.2	0.7
喷施KH_2PO_4	2.9	3.0	1.6	2.2	2.5	0.9	0.6
喷施KNO_3	3.6	3.0	1.9	2.0	2.5	0.8	0.7
喷施K_2SO_4	3.5	3.2	2.1	2.4	2.8	1.5	0.8

（三）钾肥施用方式

施肥的目的是供根系吸收，因此施肥带应与根系达到空间上的同步，这样才有可能发挥最大肥效。肥料中除氮素移动较快外，磷素和钾素都移动较慢。由于化学肥料一般易溶于水，因此肥料带周围的盐分浓度很高。若新移栽的烤烟根系与肥料带接触，就有可能会因肥料浓度过高而发生根系灼伤，大大延缓幼苗生长，甚至导致幼苗死亡。因此，要选择合理的施肥位置。生产实践与试验表明，只要基肥适当深施或在距烟株 10～15cm 处环施（图 6-4），就可以避免肥料灼伤根系的现象。

图 6-4　肥料环施

三、钾营养失调与调控

（一）症状

缺钾烟株的叶尖和叶缘组织生长停滞，而内部组织继续生长，致使叶尖和叶缘卷曲，造成叶片下垂；叶尖和叶缘出现缺绿斑点，斑点中心部分随即死亡，变成红铜色的小点，同时这些斑点逐渐扩大，连成枯死组织，即“焦尖”“焦边”，随后穿洞成孔，造成叶片残破（图 6-5 和图 6-6）。此外，烟株发生缺钾症与发生根结线虫病的地上部表现相似。

图 6-5　叶片缺钾症状

图 6-6　烟株缺钾症状

（二）防治措施

做到科学施肥，依据品种特性、土壤养分状况确定合理的 N∶K_2O，分次施用钾肥。烟株缺钾后除可向土壤中追施硫酸钾外，也可叶面喷施 2%磷酸二氢钾或 2.5%硫酸钾溶液 2～3 次，间隔 3～5 天。

第七章　云南烤烟中微量元素施用

烟田中微量养分的施用量一般较低，但其在烤烟生长发育和品质形成中具有不可忽视的生理作用。土壤中微量营养元素的丰缺状况与烤烟的生长发育和烟叶的品质形成密切相关，合理的中微量养分供应能促进烤烟对营养元素的吸收，从而改善其生理代谢，提高其内在品质，中微量养分的施用应以“缺什么补什么”为基本原则。

第一节　中量元素施用

在必需的营养元素中，除氮、磷、钾三要素外，烤烟对钙、镁、硫、氯的吸收较多，一般将其称为中量元素。

一、钙（Ca）

（一）钙与烤烟生产

烤烟的钙含量较高，灰分中钙的含量仅次于钾，在石灰性土上生产的烟叶钙含量甚至可能远高于钾。不同产地之间的烟叶钙含量存在显著差异（图 7-1）。盆栽试验表明，烤烟在生育期内根、茎、叶的钙含量存在差异，其中根系钙含量为1.1%～2.5%，茎秆为 1%～2.1%，叶片钙含量最高，为 1.5%～3.5%。同一株烟的中、下部叶钙含量一般高于上部叶。

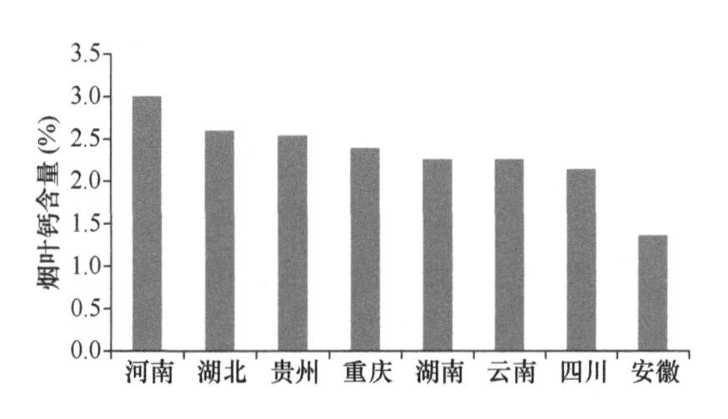

图 7-1　不同产区中部叶钙含量比较

对缺钙土壤或南方 pH 偏低的植烟土壤施钙有利于改善烟株生长状况，提高烟叶品质。相关研究表明，对红壤烟田施用熟石灰［$Ca(OH)_2$］能促进烟株生长发育，改善其植物学性状，增加其色素含量，提高其光合强度和蒸腾强度，可能是施 Ca^{2+}提高了烟叶的 K、Cu、Zn、Mn、Mg、Ca 等离子含量，从而直接或间接影响其光合作用（表 7-1）。

表 7-1　施用石灰对烟叶化学成分的影响

施 $Ca(OH)_2$ 量（g/株）	K（g/kg）	Cu（mg/kg）	Zn（mg/kg）	Mn（mg/kg）	Fe（mg/kg）	Mg（g/kg）	Ca（g/kg）
30	35.4	5.8	27.8	287	56.4	2.5	21.0
40	32.7	5.3	24.1	209	34.7	2.4	18.0
对照	31.9	3.8	24.0	139	58.0	2.2	15.3

钙会对烤烟品质产生明显影响。施钙会导致烟叶烟碱含量上升，可能由施钙后土壤 pH 上升导致，因为 pH 是影响土壤中微量元素有效性和烟叶化学成分的重要因素之一，pH 为 5.5～8.5 时，随着 pH 的升高烟叶烟碱含量升高。相关分析表明，烟叶烟碱含量与钙含量呈极显著正相关，而还原糖含量、施木克值和评吸总分均与钙含量呈极显著负相关。对缺钙土壤或 pH＜5.0 的酸性土壤施钙效果较好，有利于提高烟叶产质量。

（二）钙肥施用

在烤烟生产中极少见到烟株明显缺钙的现象，但土壤缺钙会影响烟叶质量。通过调查与分析可知，约 80%的植烟土壤钙含量丰富或极丰富，约 20%的土壤缺钙或极度缺钙。烤烟生产中可供选择的含钙肥料包括石膏、生石灰、熟石灰、石灰石粉等。生产上常用的钙镁磷和过磷酸钙等肥料也含有一定的钙，在施用磷和镁时也可能带入一定的钙。生产上常用的一些含钙肥料及其主要成分和钙含量见表 7-2。

石灰是目前烤烟生产上最为常用的钙肥，除提供钙营养外，生产上还常用于调节土壤 pH。生产上生石灰以撒施为主，遇水后变成 $Ca(OH)_2$，Ca^{2+}供烟株吸收利用，OH^-可中和土壤 H^+，从而提高土壤 pH。第一年施用时一般在起垄前撒施一半，起垄后撒施另一半，随后用耙将石灰与垄土混合均匀；实施稻草还田的烟田，可在稻草还田前施一半，还田后起垄前施另一半。石灰的施用量应根据土壤质地和 pH 进行调整，酸性强，活性铝、铁、锰浓度高，质地黏重，耕作层厚的土壤可适当多施石灰，反之应少施（表 7-3）。第一年施用石灰后，第二年施用量应减半，然后停施 1～2 年，依次循环。

表 7-2 钙肥种类及其主要成分和钙含量

名称	Ca 含量（%）	钙形态
生石灰	64～68	CaO
熟石灰	47～50	$Ca(OH)_2$
硝酸钙	19.4	$Ca(NO_3)_2$
碳酸钙	8.2	$CaCO_3$
石膏	22.3	$CaSO_4$
氯化钙	39	$CaCl_2$
普通过磷酸钙	18～21	$Ca(H_2PO_4)_2\cdot H_2O$，$CaSO_4$
重过磷酸钙	12～14	$Ca(H_2PO_4)_2$
钙镁磷肥	21～24	α-$Ca_3(PO_4)_2$，$CaSiO_3$
钢渣磷肥	25～35	$Ca_4P_2O_9\cdot CaSiO_3$
磷矿粉	20～35	$Ca_{10}(PO_4)_6F_2$

表 7-3 不同质地酸性土壤的石灰施用量 （kg/亩）

土壤酸度	酸性土壤		
	黏土	壤土	砂土
强酸性（pH=4.5～5）	150	100	50～75
酸性（pH=5～6）	75～125	50～75	25～50

直接施用石灰石粉的改土效果同样较好，并且加工简单，成本低，节约能源。施用石灰石粉在发达国家较为普遍，目前美国已不施用生石灰，全部采用石灰石粉。土壤中石灰石粉发生的反应较为温和，速度较慢，通常需要几个月时间。石灰石粉的颗粒大小明显影响其施用效果，一般颗粒越小，反应速度越快，效果越好。由于生石灰的中和值是石灰石粉的 1.5～1.79 倍，因此同样质地和酸度的田块，石灰石粉施用量应是生石灰的 1.5 倍。石灰石粉应提前 2～3 个月施用，并且一次性全部施入有利于其效果彻底发挥。

石灰不宜连续大量施用，否则会引起土壤有机质分解过快、腐殖质不易积累，致使土壤结构变坏，诱发营养元素缺乏症，还会减少作物对钾素的吸收，反而不利于烤烟生长。另外，石灰不能和铵态氮肥、腐熟的有机肥和水溶性磷肥混合施用，以免引起氮素的损失和磷素的退化而导致肥效降低。

二、镁（Mg）

（一）镁与烤烟生产

不同产地之间中部叶烤后镁含量为 0.22%～0.42%，差异较大，西南和黄淮烟区烟叶镁含量相对较高，华中烟区相对较低（图 7-2）。盆栽试验中，同一株烟不同部位的镁含量存在差异，一般根系含量较低，为 0.1%～0.25%，茎秆含量为 0.2%～0.6%，叶片含量为 0.2%～0.3%。

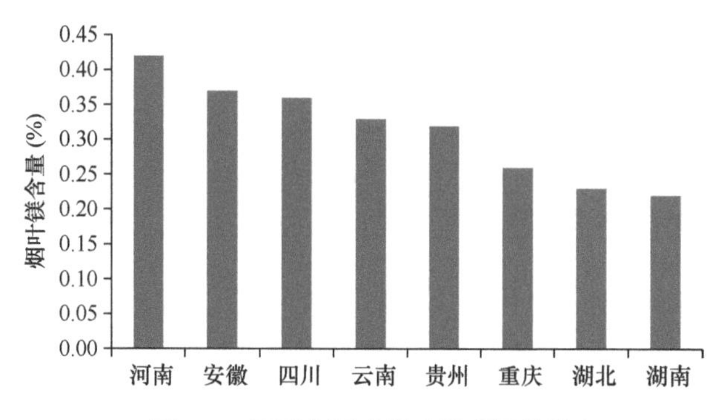

图 7-2　不同产区中部叶镁含量比较

在正常的成熟叶片中，大约有 10%的镁存在于叶绿体中，75%的镁存在于核糖体中，其余 15%或呈游离态或结合在各种需 Mg^{2+}激活的酶中或位于细胞中可被 Mg^{2+}置换的阳离子结合部位上。正常烟叶的镁含量为其干重的 0.4%～1.5%，低于 0.2%就会出现缺镁症，介于 0.2%～0.4%会出现轻度缺镁症。当叶片内钙镁比大于 8 时，即使镁含量在正常范围，亦会出现缺镁症。

保持适当的镁含量对烟叶燃料性较为重要，而镁过量会降低烟叶燃烧性。相关分析表明，烟叶烟碱含量与镁含量呈极显著正相关，而还原糖含量、施木克值和评吸总分均与镁含量无显著相关性。烤烟生产中，适量施用镁肥可以促进烤烟生长发育，改善其农艺学性状，平衡烟株对其他营养元素的吸收与积累，提高烟叶产量，并能促使烟叶 N、P、K、Ca 等营养元素含量更趋协调。盆栽试验中，随着施镁量的增加，烟叶镁含量提高 10.7%～71.4%，单株镁吸收量、叶片叶绿素含量和干物质量分别提高 17.6%～115.4%、1.9%～23.0%和 6.3%～25.7%。

烟株对镁的吸收受土壤条件、栽培因素影响较为明显。供水过多或过少，烟株在生长前、中期的镁积累量相对偏少，导致成熟期镁积累量不足。烟叶镁含量与根重、茎重、叶重、叶面积在各个生育时期均呈负相关，其中成熟期叶重、叶面积与烟叶镁含量呈极显著负相关。

（二）镁肥施用

烤烟是以叶片为收获目标的经济作物，对镁的要求相对较高，因此植烟土壤易于出现缺镁的现象。通过调查与分析发现，有 16%的土壤交换性镁含量低于 50mg/kg，另有 20.6%的土壤在 50～100mg/kg，生长在这些土壤上的烟株都可能出现缺镁症。

目前烤烟生产上常用的镁肥包括硫酸镁、氧化镁、钙镁磷肥、白云石粉、菱镁矿等，其主要成分和镁含量见表 7-4。氯化镁因含有氯元素，施用过多可能会对烟叶产生不良影响，因此烤烟生产中应尽量避免施用。

表 7-4 镁肥种类及其主要成分和镁含量

名称	Mg 含量（%）	主要成分
硫酸镁	10	$MgSO_4 \cdot 7H_2O$
镁石灰（氧化镁）	10～13	$MgO \cdot CaO$
钙镁磷肥	9～11	$Mg_3(PO_4)_2$
白云石粉	11～13	$MgCO_3 \cdot CaCO_3$
菱镁矿	27	$MgCO_3$

硫酸镁溶解性较好，是一种较为速效的镁肥，可作基肥和叶面追肥。但长期大量施用硫酸镁，可能导致土壤中 SO_4^{2-}的累积，引起土壤逐渐酸化、板结，降低土壤质量。在一些长期施用硫酸钾和硫酸镁的田块，应考虑土壤 SO_4^{2-}含量，并进行相应调整。另外，因硫酸镁溶解性较好，在多雨地区发生流失的可能性较大。

氧化镁、钙镁磷肥、白云石粉和菱镁矿等含镁肥料的溶解性较差，烤烟当季利用率较低，应加大施用量，但其后效持久。这些肥料均呈碱性，在南方酸性土壤中长期施用效果明显好于硫酸镁。氧化镁因有较强的碱性，应特别注意均匀施用，防止集中施用产生烧苗的现象，较为理想的施用方法是作为条沟肥施用，每亩施用量在 10kg 左右。钙镁磷肥较为温和，可配成营养土作穴肥，或直接作穴肥施用，每亩施用量 15～20kg。由于这些含镁肥料均呈碱性，不宜在石灰性土中施用，一方面施用后提供的镁有效性不高，另一方面施用后会进一步提高石灰性土的 pH。另外，这些肥料溶解性较差，颗粒大小直接影响其供镁效果。同时当土壤 pH 为 6.5～7.0 时，这些肥料的肥效大大下降。

白云石粉更多用于改良土壤，且其效果好于单施石灰。2001 年的试验结果表明（表 7-5），施用石灰或白云石粉处理的产量相似，分别高出对照 6.95%和 6.65%；产值、均价和上等烟比例则以施用白云石粉处理最高，其次是施用石灰处理，并且两者均显著高于对照；施用石灰或白云石粉可显著提高中、上部叶的单叶重。

表 7-5 烟田施用石灰和白云石粉对烟叶产质量的影响

处理	产量（kg/亩）	产值（元/亩）	均价（元/kg）	上等烟比例（%）	单叶重（g）		
					X2F	C3F	B2F
石灰（50kg/亩）	136.67	1167.16	8.54	39.81	5.22	10.88	8.25
白云石粉（100kg/亩）	136.29	1360.17	9.98	42.68	5.50	9.44	10.25
对照	127.79	891.72	6.98	21.87	5.13	7.63	7.50

镁肥应根据土壤交换性镁含量调节用量，不同田块适宜的用量存在差异。植烟土壤普查结果显示，我国有 12.8%的土壤交换性镁含量达到极丰富的程度，在这些土壤上可能会出现镁对烤烟吸收的其他阳离子，特别是钾离子产生拮抗作用。但是，随着复种指数与作物产量提高，尤其是蔬菜类作物大面积种植，烟草缺镁症日趋严重。云南烟区的试验示范结果表明：在土壤缺镁的情况下，施用镁肥能显著提高烟叶产质量，有效减少挂灰烟叶出现，提高上等烟比例（表 7-6）。

表 7-6　施用硫酸镁对烟叶产质量的影响

处理	产量（kg/亩）	产值（元/亩）	上等烟比例（%）
对照	157.9	2302.34	70.49
硫酸镁	182.7	3422.39	75.17

施用硫酸镁对烟叶总糖、还原糖、总氮、氯、磷和蛋白质含量的影响不大，但镁和钾含量总体均得到提高，这是施用硫酸镁后烟叶产质量提高的原因（表 7-7）。

表 7-7　施用硫酸镁对烟叶化学成分的影响

部位	处理	总糖（%）	还原糖（%）	总氮（%）	烟碱（%）	氯（%）	钾（%）	镁（%）	磷（%）	蛋白质（%）
中部叶	对照	35.36	21.50	2.11	2.82	0.12	1.96	0.57	0.11	10.16
	硫酸镁	33.34	22.18	2.15	2.85	0.14	2.09	0.61	0.09	9.57
上部叶	对照	32.61	17.96	2.28	3.70	0.13	1.83	0.38	0.09	10.25
	硫酸镁	32.52	19.75	2.39	3.78	0.14	2.29	0.38	0.11	10.86

（三）镁素营养失调与调控

1. 症状

缺镁初期烤烟叶片发黄，严重时叶脉间叶片的颜色发生变化，即叶脉绿色，其余部分白化。一般从中下部叶开始出现症状，逐渐向上部叶扩展（图 7-3 和图 7-4）。

图 7-3　叶片缺镁症状

图 7-4　烟株缺镁症状

2. 防治方法

多数烟田可施用硫酸镁 10～15kg/亩。前作为蔬菜类作物的烟田应增加施用量，可施用硫酸镁 20～25kg/亩。烤烟中后期出现缺镁，可叶面喷施 0.5%～1.0%硫酸镁溶液 2～3 次。

三、硫（S）

（一）硫与烤烟生产

烟叶的硫含量过高会对其燃烧性造成较大的不良影响。正常烟叶的硫含量为其干重的 0.2%～0.7%，当硫含量超过 0.7%时，烟叶的燃烧性显著减弱。许多国家规定烤烟肥料的硫酸根含量不许超过 5%。不同产区中部叶的硫含量为 0.46%～0.72%，如图 7-5 所示。随施硫量的增加，烟株下部叶的硫含量增加幅度明显高于上部叶。一般认为，当烟株的硫含量（干重）低于 0.2%时就会出现缺硫症。

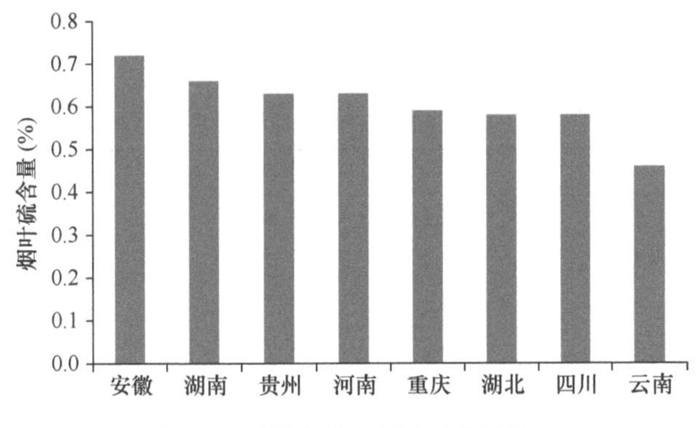

图 7-5　不同产区中部叶硫含量比较

烤烟根系和地上部都可以吸收多种形态的硫，但主要通过根系吸收土壤中的 SO_4^{2-}。土壤供硫不足时，大气中低浓度的 SO_2 和 H_2S 会被烤烟地上部吸收，以提供部分硫营养，但高浓度的 SO_2 可能导致烟株中毒。盆栽试验表明，烤烟从肥料中吸收的硫占烟株全硫含量的 42%～59%，不同 SO_4^{2-}施用量处理烟株从肥料之外来源（空气、降水、土壤）吸收的硫占烟株全硫含量的 41%～58%，施硫对烟株利用土壤中硫素具有“激发效应”。烟叶吸收的硫量（全硫含量）随施硫量的提高而总体增加，如图 7-6 所示。

云南烤烟生产中，钾肥几乎全用硫酸钾，因此较少见烟株缺硫的现象。缺硫时，烟叶内在物质如烟碱、还原糖和有机酸等不协调，会对品质造成不利影响。

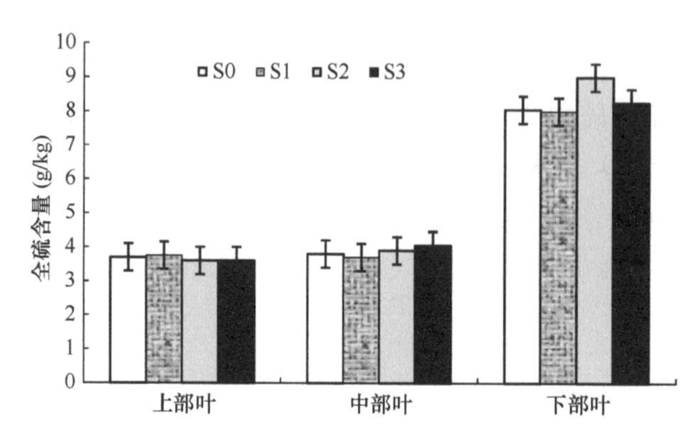

图 7-6　土壤供硫水平对烟叶全硫含量的影响

S0，0g/kg；S1，0.02g/kg；S2，0.09g/kg；S3，0.16g/kg

但硫过量也会对烟叶品质产生不良影响，在同等含量的情况下，硫对烟叶燃烧性的不良影响远大于氯，当烟叶硫含量超过 0.7%时，燃烧性显著降低。

相关试验结果表明，土壤有效硫含量在 19.2mg/kg 时，随施硫量的增加，烤后烟叶评吸质量呈显著下降趋势，但施硫量小于 4kg/亩，烟叶评吸质量差异不显著。可见，施硫量太高可能会导致烟叶评吸质量下降（表 7-8）。

表 7-8　不同施硫量对烤后烟叶品质的影响

施硫量（kg/亩）	香气质	香气量	刺激性	杂气	总分
0	14.9	13.4	8.4	8.3	45.0
2	15.0	13.4	7.9	8.1	44.4
4	14.8	13.2	7.8	8.0	43.8
6	14.7	13.1	7.7	7.9	43.4
8	14.4	13.0	7.4	7.9	42.7
10	14.0	12.8	7.1	7.3	41.2

注：烟叶香气质、香气量按 20 分制计分，刺激性、杂气按 10 分制计分

（二）硫肥施用

由于烤烟生产中磷肥、钾肥和镁肥的施用往往已带入较多的硫，一般不再另外施硫肥。一般认为有效硫含量为 12mg/kg 时，土壤供硫能力低，需要施硫肥；有效硫含量为 12.1～16mg/kg 时，施硫肥有一定的效果；有效硫含量大于 16.1mg/kg 时，不需要另外补充硫肥。土壤调查结果表明，云南植烟土壤不缺硫。硫在土壤中的移动性比氯小，且易被 1∶1 型土壤黏粒所吸附。因此，尚未发现烤烟缺硫现象，但应注意硫过量供应对烟叶品质的影响。

烤烟生产上常用的硫肥主要包括硫酸钾、硫酸镁、普通过磷酸钙、生石膏和硫磺等，其主要成分和硫含量见表 7-9。

表 7-9　硫肥种类及主要成分和硫含量

名称	S 含量（%）	主要成分
硫酸钾	17.6	K_2SO_4
硫酸镁（水镁矾）	13	Mg_2SO_4
普通过磷酸钙	13.9	$Ca(H_2PO_4)_2 \cdot H_2O$，$CaSO_4$
生石膏	18.6	$CaSO_4 \cdot 2H_2O$
硫磺	95～99	S
硫酸铵	24.2	$(NH_4)_2SO_4$

硫酸钾和硫酸镁主要是分别作为钾肥和镁肥施用时带入硫。由于烤烟对钾的需求量远大于硫，长期大量施用硫酸钾必然导致土壤中硫的大量积累，可能给烟叶生产带来许多不利的影响。因此，近年来已逐渐改施硝酸钾和氧化镁等不含硫的肥料。

硫磺在碱性、钙质土壤中施用的效果好于含 SO_4^{2-}的硫肥，主要是因为较高的土壤 pH 对单质硫具有氧化作用，后者在氧化的过程中可提高磷和微量元素的有效性。但单质硫通过硫杆菌被氧化成硫酸盐，有 H^+生成，若土壤缓冲能力较弱，可能导致 pH 在短期内发生波动。当硫磺和磷肥混合施用时，硫的氧化速度加快，利用率提高。单质硫最好在烤烟移栽前 3～4 周施用，以便其氧化为 SO_4^{2-}后被烟株吸收利用。

生石膏即普通石膏，俗称白石膏，由石膏矿直接粉碎而成，呈粉末状，主要成分为 $CaSO_4 \cdot 2H_2O$，微溶于水，粒细有利于溶解，供硫能力和改土效果较高。因生石膏对土壤无酸化作用，在酸性土壤中施用效果较好。而硫酸铵有很强的潜在酸化作用，不宜在酸性土壤中施用。

四、氯（Cl）

（一）氯与烤烟生产

烤烟是忌氯作物，氯含量太高，烟叶容易吸潮、霉变，并导致卷烟燃烧性降低。但氯又是烤烟生长必需的营养元素，含量不足时光合作用降低，物质积累不充分，烟叶油分差，同样导致烟叶质量下降。氯化钾等含氯的钾肥不适于在植烟土壤中施用。因氯离子含量高时烟叶燃烧性明显变差，所以烤烟生产对氯肥有严格的限制。一般认为，烟叶含有 0.3%～0.5%的氯比较理想，这种烟叶质地柔软，具有弹性，油润，膨胀性好，切丝率高。氯含量过低如低于 0.3%时，烟叶干燥粗糙，易破碎，切丝率低；氯含量在 0.7%以上时，烟叶质量明显下降，颜色呈杂色斑驳，或整体暗淡无光泽，叶脉呈灰白色，质地疏松，难储存，易长霉，燃烧性差，易熄火；氯含量超过 1%时，烟叶烘烤后或燃烧时有不愉快的气味。较好等级的烟叶氯含量只允许在1%以下。许多国家规定烤烟肥料的氯含量不许超过3%。

在植物体中，氯以离子态存在，流动性强。一般植物氯含量在0.2%～2%，但有些植物可达10%，超过大量元素的含量。烟株各器官的氯含量顺序为叶＞茎＞根，下部叶＞中部叶＞上部叶；叶片吸收的氯占全株吸收氯量的55.1%～67.6%，茎占19.8%～26.5%，根占12.6%～18.4%；烤烟吸收的氯来自土壤、灌溉水、肥料的比例分别为11.8%、37.1%、1.1%。同位素^{36}Cl示踪结果表明，根、茎、叶吸收的氯分别占全株吸收氯量的9.02%、19.12%和71.80%。

植物对氯的吸收属逆化学梯度的主动吸收过程，速度一般很快。氯在植物体内的运输可能以共质体途径为主。研究表明，烤烟的氯积累量随施氯量的增加几乎呈直线上升（图7-7）。整个生育期内，烟株氯含量随施氯量的增加明显增加，当施氯量达96kg/hm^{2}时，氯含量可达1.5%～2%（图7-8）。烟株移栽35天后，体内氯积累量迅速增加，并且随施氯量的增加上升幅度明显增大，到移栽后75天时接近最大积累量（图7-9）。

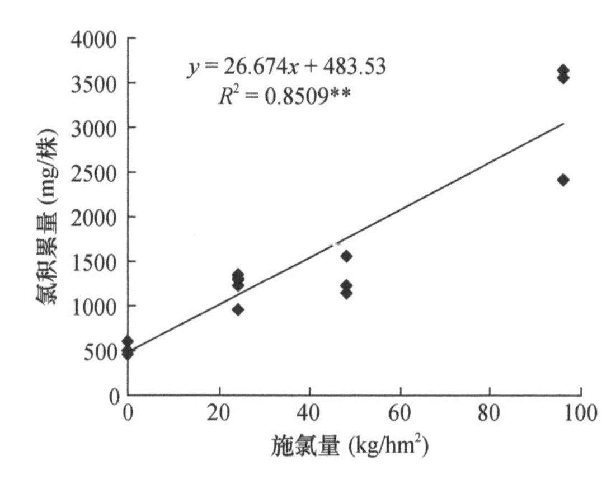

图7-7　施氯量对烤烟氯积累量的影响

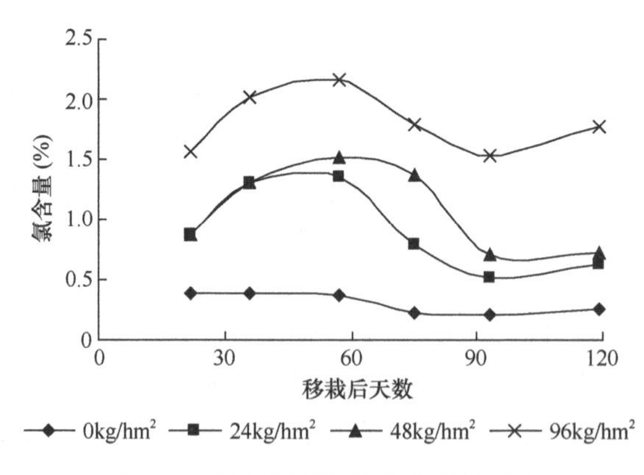

图7-8　施氯量对烟株氯含量的影响

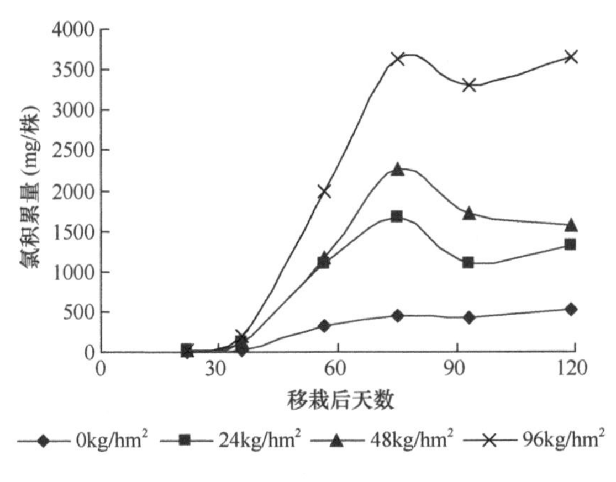

图 7-9 施氯量对烟株氯积累量的影响

相关研究表明，降水量大的烟区少量施用氯肥可以明显提高烟叶上等烟比例、均价、产量和产值，同时可以改善烟叶油分、颜色和弹性等外观质量，增加香气质、香气量，改善烟叶内在品质。田间试验结果表明，施氯量为 1.6kg/亩（为施氮量的 20%）时，烤后烟叶产量、均价、产值、上等烟比例均明显好于不施氯肥或施氯太多处理。另外，X2F、C3F 和 B2F 三个等级烟叶的单叶重总体有随施氯量增加而增加的趋势（表 7-10）。

氯还明显影响烤后烟叶的内在化学成分。如表 7-11 所示，施氯量与烟叶氯

表 7-10 施氯量对烤烟产质量的影响

施氯量（kg/亩）	产量（kg/亩）	均价（元/kg）	产值（元/亩）	上等烟比例（%）	上中等烟比例（%）	单叶重（g）		
						X2F	C3F	B2F
0	138.82	8.56	1187.9	36.90	73.41	7.01	10.63	9.79
1.6	157.42	9.59	1506.9	53.18	82.09	8.40	11.91	11.43
3.2	148.70	9.49	1409.8	50.25	82.64	8.15	12.13	10.85
6.4	145.87	8.40	1224.5	36.76	78.11	8.81	12.42	11.63

表 7-11 施氯量对烟叶内在化学成分的影响

施氯量（kg/亩）	等级	烟碱（%）	总糖（%）	还原糖（%）	总氮（%）	总氯（%）	总钾（%）	两糖比	糖碱比	钾氯比
	B2F	3.05	25.49	22.29	2.18	0.25	2.53	0.87	7.38	10.30
0	C3F	1.58	32.34	27.67	1.76	0.13	2.63	0.86	18.42	20.55
	X2F	1.37	28.27	24.37	1.98	0.16	3.01	0.86	19.03	19.36

续表

施氯量（kg/亩）	等级	烟碱（%）	总糖（%）	还原糖（%）	总氮（%）	总氯（%）	总钾（%）	两糖比	糖碱比	钾氯比
1.6	B2F	2.72	27.17	23.37	2.00	0.37	2.43	0.86	10.62	7.47
	C3F	2.18	32.04	27.31	1.90	0.31	2.39	0.85	13.88	9.27
	X2F	1.39	32.78	28.10	1.86	0.27	2.74	0.86	21.01	10.78
3.2	B2F	2.88	27.77	24.14	1.92	0.58	2.27	0.87	8.49	3.90
	C3F	1.16	37.05	31.62	1.54	0.40	2.38	0.85	28.41	6.03
	X2F	1.44	33.65	28.78	1.85	0.48	2.64	0.86	20.70	5.66
6.4	B2F	2.84	28.01	24.18	1.84	1.08	1.94	0.86	8.79	1.83
	C3F	1.48	38.65	32.87	1.53	0.95	2.12	0.85	22.54	2.29
	X2F	1.32	36.25	30.73	1.68	0.93	2.46	0.85	23.36	2.70

含量呈极显著线性正相关；与总糖、还原糖含量呈正相关，与钾氯比（K/Cl）和总氮、烟碱含量呈负相关。

（二）氯肥施用

氯在土壤中较易流动，在雨水较多的地区氯的流失容易导致土壤氯含量降低，因此通过适当施用氯肥来改善烟叶品质的效果明显。一般认为土壤水溶性氯含量低于 25mg/kg，应考虑施用氯肥。另外，施用一定量的氯化钾部分代替硫酸钾，可降低肥料投入，提高经济效益。而对于土壤氯含量较高及年降水量较少（＜800mm）的地区，应严格禁止含氯肥料的施用。

田间试验结果表明，在缺氯的土壤中适量施用氯化钾可促进烟株的生长发育，使其长势健壮，抗旱能力增强，光合生产率提高，体内有机物合成积累增加，对烟叶产量、产值的正效应明显。施氯量为 1kg/亩、3kg/亩、5kg/亩处理的产量分别比对照提高 20.03%、36.93%、23.78%，产值分别比对照提高 10.46%、17.11%、15.45%；而且烟叶氯含量均低于 1%的限制，对提高烟叶钾含量是有利的（表 7-12）。因此，在云南土壤缺氯的烟区要酌施一定数量的氯肥，施氯量控制在 1～3kg/亩，可提高烟叶产质量和钾含量。

表 7-12　施氯量对烟叶产质量与氯、钾含量的影响

施氯量（kg/亩）	产量（kg/亩）	产值（元/亩）	Cl 含量（%）	K 含量（%）
0	139.2	1603.1	0.46	2.14
1	167.5	1770.8	0.48	2.24
3	190.6	1877.4	0.59	2.54
5	172.3	1850.8	0.64	3.03

第二节　微量元素施用

云南植烟土壤普遍缺乏的微量元素主要为硼和锌，烤烟生产中要注意这两种微量元素的施用。

一、硼（B）

（一）硼与烤烟生产

烤烟的硼含量为 2～100mg/kg。烤烟叶片的硼含量在各地之间差异较大，河南中部、山东、辽宁及云南部分烟区含量较高，贵州、湖北、江西、福建等地含量相对较低。北方烟区烟株硼含量平均为 25.06mg/kg，南方平均为 25.25mg/kg。但从积累量看，在南北烟区不同的生态条件下，成熟期烟株的硼积累量存在明显差异，北方烟株的硼积累量平均为 11.9g/株，南方平均为 7.3g/株。烟株硼含量与土壤有效硼含量、土壤 pH 呈显著正相关。较高的气温有利于烟株硼含量的增加，但较高的相对湿度有降低烟株硼含量的趋势。

烤烟不同器官中，叶及顶芽（腋芽）的硼含量相对较高，而根、茎相对较低。不同部位的烟叶中，中部叶硼含量较低，而下部叶硼含量较高。烟株吸收的硼主要积累在叶片，占总积累量的 50%以上，而顶芽（腋芽）的积累量相对较低。

在云南进行的试验表明，施用适量硼可促进烤烟生长发育，改善其植物学性状，增加其色素含量，提高其光合强度和蒸腾速率，使烟叶增产、增质、增收。在水培条件下，营养液中 BO_3^{3-}浓度为 0.5～2.0mg/L 的各处理烤烟的株高和干物质积累量较高，而缺硼（BO_3^{3-}＜0.5mg/L）或硼浓度过高（BO_3^{3-}＞2.0mg/L）都会抑制烤烟的生长发育及干物质和养分的积累。在红壤上进行的试验研究表明，硼砂施用量在 0～1.5kg/亩，随着施用量的增加，烤烟产量呈增加趋势，但以施用量为 1.0kg/亩的处理产值最高（表 7-13）。

表 7-13　硼砂施用量对烤烟产质量的影响

硼砂施用量（kg/亩）	产量（kg/亩）	产值（元/亩）
0	150.79	1634.77
0.5	169.17	1899.39
1.0	180.74	1990.01
1.5	186.35	1909.90

烟叶的硼含量可明显影响其品质。研究表明，硼的施用对提高烤烟产质量有

促进作用，烟叶产量、上等烟比例、均价等指标都有明显提高，烟碱含量、施木克值提高，总氮含量降低，并使烟叶的香气增加、吃味醇和。土壤有效硼含量为0.2mg/kg 时，施硼量从 0mg/kg 增加到 1mg/kg，烟叶烟碱含量下降，随施硼量继续增加，烟叶烟碱含量上升。从评吸质量看，烟叶硼含量在 20～30mg/kg 时，评吸质量较好，小于 20mg/kg 或大于 30mg/kg 时评吸质量均可能下降。

（二）硼肥施用

烤烟生产中施用的硼肥主要包括硼酸、硼砂、无水硼酸钠和硼酸锌等，其主要成分和硼含量见表 7-14。

表 7-14　硼肥种类及其主要成分和硼含量

名称	B 含量（%）	主要成分
硼酸	17.5	H_3BO_3
硼砂	11.3	$Na_2B_4O_7 \cdot 10H_2O$
无水硼酸钠	20.2	$Na_2B_4O_7$
硼酸锌	13.0	$B_2O_6Zn_3$

硼肥可作基肥和追肥，作基肥每亩用硼砂 0.5～1.0kg，条施或穴施。叶面追肥可喷施 0.1%～0.2%硼砂溶液 1～2 次，一般在团棵和旺长期喷施。

硼肥施用过程中应注意以下几点：①土壤有效硼含量。土壤普查结果显示云南植烟土壤的有效硼含量多在 0.5mg/kg 以下，一般认为属于偏低水平，施硼肥效果较为明显。②石灰的施用及钙硼比。南方烟区在改良土壤的过程中施入了较多的钙，应特别注意钙硼比的变化和硼肥的施用。③土壤 pH。一般认为土壤 pH 在 4.7～6.7，硼的有效性随 pH 升高而增加；pH＞7，硼的有效性随 pH 上升而下降。④氮、磷、钾肥施用后造成的烤烟稀释效应。一般认为，植株硼含量低于 15mg/kg 时出现缺硼症，随氮、磷、钾等大量元素的施用，烟株生物量增加，应注意硼肥的补充。⑤严格控制施用浓度和用量，均匀施用。烟株硼营养缺乏与过量之间的浓度范围相当狭窄，因此硼的施用并非越多越好，硼砂施用量要严格控制在 0.5～1.0kg/亩。

（三）硼素营养失调与调控

1. 症状

缺硼初期烟株顶部幼叶呈浅绿色，叶尖呈灰白色并变窄、变尖，幼芽畸形、扭曲，严重时死亡（图 7-10 和图 7-11）。而硼过多导致幼株下部叶的叶缘先呈黄褐色，之后逐渐干枯（图 7-12）。

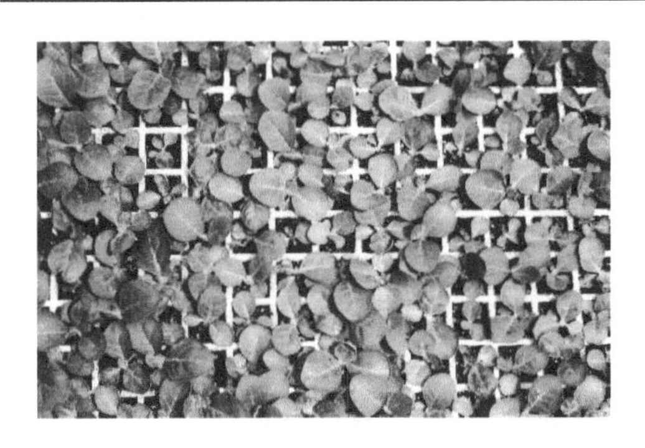

图 7-10　苗期缺硼

图 7-11　大田期缺硼

图 7-12　硼中毒的烟株

2. 防治措施

在缺硼土壤上，可叶面喷施 0.1%～0.2%硼砂溶液 2～3 次或使用 0.5～1.0kg/亩硼砂作基肥施用；长期干旱条件下，应及时补充水分，以免土壤干燥导致缺硼。

二、锌（Zn）

（一）锌与烤烟生产

烟叶的锌含量为痕量至 150mg/kg，南方烟叶的锌含量高于北方烟叶。研究表明，我国各省份中部叶的平均锌含量为 30.64～77.04mg/kg，不同地区之间差异较大（图 7-13）。云南曲靖 9 个等级的烟叶样品分析结果表明，烟叶锌含量为 123.5～186.3mg/kg。当植株锌含量低于 20mg/kg 时，可能出现缺锌症。

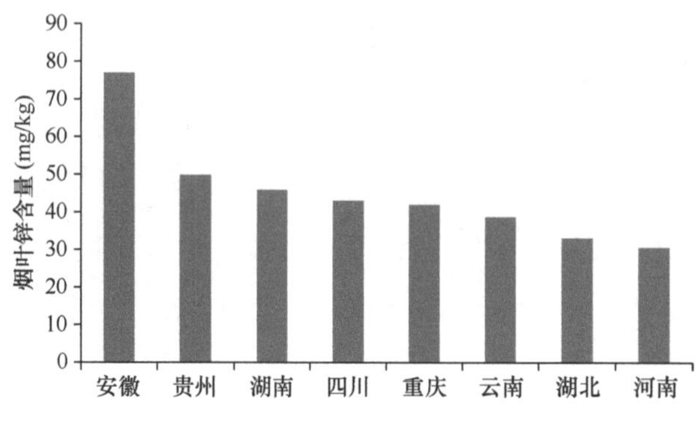

图 7-13 不同产区中部叶锌含量比较

锌对烤烟的生产极为重要。施用锌肥可提高烤烟产量、改善烟叶外观品质，有助于烤烟氮素代谢，能显著增加烟叶的蛋白质和烟碱含量，但施锌太多对烟叶内在品质产生负面影响。施用锌肥后，烤烟光泽较鲜明，油分较足，组织结构较细致，烟灰呈灰色；总糖含量下降，总氮和蛋白质含量增加。徐照丽等（2006）在红壤上的锌肥试验表明，七水硫酸锌施用量为 2.25kg/亩的处理产量、产值均最高（表 7-15）。

表 7-15 硫酸锌施用量对烤烟产质量的影响

硫酸锌施用量（kg/亩）	产量（kg/亩）	产值（元/亩）
0	138.22	1513.72
0.75	135.86	1465.55
1.50	138.59	1511.87
2.25	150.54	1553.56

另外，适宜的锌含量可提高烟株的抗性。水培试验表明，锌浓度为 0.1mg/L 时，烟株长势较好，并且其外渗电导率、游离脯氨酸及丙二醛含量均较低，而可溶性糖、可溶性蛋白含量及根系活力均较高，该浓度对提高烤烟自身抗性有明显的促进作用。

烟叶锌含量与评吸质量的相关关系在南北方存在差异。云南、贵州烟叶锌含量与评吸质量表现为不显著的负相关，河南、山东烟叶锌含量与评吸质量表现为显著的正相关，主要是由于北方土壤 pH 较高，锌的有效性较低，烟叶锌含量较低，而南方土壤锌含量较高导致烟叶锌含量较高。

（二）锌肥施用

锌肥应根据土壤条件进行施用。土壤 pH 是非常重要的因素，碱性土壤中锌的有效性较低，特别是 pH＞6.5 的土壤容易缺锌。土壤缺锌的临界值因类型而异，石灰性土和中性土壤用 DTPA（二乙烯三胺五乙酸）溶液（pH=7.3）提取，缺锌临界值为 0.5mg/kg；酸性土壤用 0.1mol/L 的 HCl 溶液提取，缺锌临界值为 1.5mg/kg。

烤烟生产中最为常用的锌肥是硫酸锌，此外氧化锌和锌螯合物也可作为锌肥施用，其主要成分和锌含量见表 7-16。

表 7-16　锌肥种类及其主要成分和锌含量

名称	Zn 含量（%）	主要成分
一水硫酸锌	35	$ZnSO_4 \cdot H_2O$
七水硫酸锌	23	$ZnSO_4 \cdot 7H_2O$
氧化锌	50～80	ZnO
锌螯合物	6～14	EDTA-Zn 等

注：EDTA 为乙二胺四乙酸

硫酸锌、氧化锌和锌螯合物均可施入土壤。作基肥时，每亩施硫酸锌 0.75～1.50kg，拌入基肥一起施用，以条施为好；因锌的移动性小，不宜撒施于土面。石灰性土施用硫酸锌的效果较差，可采用叶面喷施，喷施浓度一般为 0.05%～0.1%，每隔 7～10 天喷施一次，共喷 2～3 次，缺锌不严重的田块，叶面喷施 1～2 次就能满足烤烟生长需要，并有预防病毒病的作用。

锌肥施用过程中应考虑以下因素：①土壤类型。一般石灰性土和淋溶强烈的酸性红壤有效锌含量低，施用锌肥效果较好；不缺锌的土壤施锌效果差，甚至出现不良影响。②土壤 pH。一般 pH 较高的土壤，特别是 pH＞6.5 的土壤，施用锌肥效果较好。③控制锌肥用量。锌过量会对烟株产生毒害作用，并降低烟叶品质。一般认为植物锌含量＞400mg/kg 时就会出现锌的毒害。④磷肥用量。磷锌结合会形成难溶性的磷酸锌，施磷时带入的阳离子会抑制锌的吸收，植物体内磷含量增加会减慢锌的运输速度。大量施磷肥时应适当增加锌肥施用。⑤土壤有机质含量较高时，应适当施用锌肥。⑥酸性土壤施用石灰时，土壤 pH 上升导致锌有效性下降，可能降低烟株对锌的吸收。

（三）锌素营养失调与调控

1. 症状

缺锌初期，烟株生长缓慢、矮小，顶叶皱折；中后期，缺锌叶片小、颜色浅，叶面扭曲，顶叶簇生，下部叶出现枯褐斑并坏死（图 7-14 和图 7-15）。

图 7-14　缺锌烟株

图 7-15　缺锌叶片

2. 防治措施

缺锌的烟田可叶面喷施 0.1%～0.2%硫酸锌溶液 1～2 次。

第八章　云南烤烟有机肥施用

有机肥在我国有较长的应用历史，主要来源于植物和/或动物残体，是以施入土壤后为植物提供营养为主要功能的含碳物料。有机肥由生物物质、动植物废弃物、植物残体加工而来，并消除了有毒有害物质，富含大量有益物质，包括多种有机酸、肽类以及包括氮、磷、钾在内的丰富营养，不仅能为农作物提供全面的营养，而且肥效长，可增加和更新土壤有机质，促进微生物繁殖，改善土壤理化性质和生物活性。

第一节　有机肥种类

云南烤烟生产中使用的有机肥主要是各种饼肥、厩肥和商品有机肥。有机肥不仅含有氮、磷、钾、钙、镁和微量元素等各种养分，而且含有多种有机物质如纤维素、半纤维素、脂肪、蛋白质，生物活性物质如酶、氨基酸、激素以及多种有益微生物如固氮菌、氨化菌、纤维素分解菌、硝化菌等。

一、饼肥

饼肥是优质的有机肥，种类很多，资源丰富，我国烤烟生产中使用的饼肥主要有菜籽饼、芝麻饼、大豆饼和花生饼等。饼肥含有大量有机质、蛋白质、残留脂肪和维生素等成分。饼肥的成分因品种、榨油方式等不同而有所差异。

云南烤烟生产中广泛应用的饼肥为菜籽饼，干物质量为88%，粗蛋白含量在38.5%以上，还有5%以上的油分。其风干基养分含量丰富，粗有机物含量为73.8%，有机碳含量为33.4%，钾（K_2O）含量为1.04%，全氮含量为5.25%，磷（P_2O_5）含量为0.80%，硫含量为1.05%，硼含量为14.6mg/kg（表8-1）。

表8-1　几种饼肥的养分含量

养分	菜籽饼	芝麻饼	大豆饼	花生饼
粗有机物（%）	73.8	87.1	67.7	73.4
有机碳（%）	33.4	17.6	20.2	33.6
全N（%）	5.25	5.08	6.68	6.92

续表

养分	菜籽饼	芝麻饼	大豆饼	花生饼
P_2O_5（%）	0.80	0.73	0.44	0.55
K_2O（%）	1.04	0.56	1.19	0.96
Ca（%）	0.80	2.86	0.69	0.41
Mg（%）	0.48	3.09	1.51	0.44
S（%）	1.05			
Si（%）	0.83	0.96		
Cu（mg/kg）	8.4	26.5	16.0	14.9
Zn（mg/kg）	86.7	130.0	84.9	64.3
Fe（mg/kg）	621	822	400	392
Mn（mg/kg）	72.5	58.0	73.7	39.5
B（mg/kg）	14.6	14.1	28.0	25.4
Mo（mg/kg）	0.65	0.07	0.68	0.68
粗灰分（%）	9.80	11.40	6.90	7.50

二、厩肥

厩肥即农家肥或圈肥，是云南烟区的传统农家肥，目前主要集中在山区和半山区使用。厩肥的养分含量随家畜的不同而有所差异，一般含有机质15%～30%，氮0.4%～0.8%，磷0.2%～0.4%，钾0.4%～0.8%。烤烟生产上施用的厩肥物料以牛粪、猪粪为主，但不同烟区厩肥的化学成分差异较大（表8-2和表8-3）。

表8-2　牛粪有机肥理化性状　（%）

测定指标	pH	有机质	全N	P_2O_5	K_2O	总养分	水溶性氯	总腐殖酸	富里酸碳	胡敏酸碳	总碳
最大值	9.75	91.84	2.94	4.68	6.33	10.85	0.94	33.58	39.04	39.38	63.78
最小值	5.93	3.93	0.23	0.42	0.59	1.59	0.02	3.24	0.83	0.46	1.29
平均值	8.44	51.98	1.67	1.48	2.49	5.64	0.37	17.34	9.20	9.11	18.32
标准差	0.84	22.28	0.63	1.06	1.34	2.11	0.25	6.47	9.57	9.44	17.75
变异系数	9.91	42.87	37.82	71.66	53.62	37.41	68.70	37.33	103.98	103.61	96.91

表8-3　猪粪有机肥理化性状　（%）

测定指标	pH	有机质	全N	P_2O_5	K_2O	总养分	水溶性氯	总腐殖酸	富里酸碳	胡敏酸碳	总碳
最大值	9.17	92.64	3.92	7.64	4.47	12.09	0.80	31.80	65.06	60.16	97.50
最小值	6.25	11.33	0.46	0.24	0.13	1.66	0.03	3.41	0.83	0.40	1.22
平均值	7.71	52.00	1.69	1.80	1.60	5.10	0.24	16.88	10.00	10.22	20.21
标准差	0.74	24.24	0.79	1.63	0.85	2.38	0.17	6.89	11.48	12.60	22.49
变异系数	9.61	46.61	46.94	90.67	52.92	46.66	71.71	40.82	114.89	123.29	111.25

三、商品有机肥

商品有机肥自 2010 年开始在烤烟生产上小面积使用，使用面积有逐年增加的趋势。根据调查分析可知，云南烟用商品有机肥 pH 在 5.59～7.96，平均为 7.03；有机质含量在 24.87%～91.51%，平均为 59.25%；全氮含量在 0.82%～4.19%，平均为 2.32%；磷（P_2O_5）含量在 0.43%～3.39%，平均为 1.98%；钾（K_2O）含量在 0.48%～4.77%，平均为 2.01%；总养分量在 1.72%～10.36%，平均为 6.31%；水溶性氯含量在 0.04%～0.52%，平均为 0.28%；总腐殖酸含量在 9.71%～35.98%，平均为 22.60%（表 8-4）。

表 8-4　商品有机肥理化性状　（%）

指标	pH	有机质	全 N	P_2O_5	K_2O	总养分	水溶性氯	总腐殖酸
最大值	7.96	91.51	4.19	3.39	4.77	10.36	0.52	35.98
最小值	5.59	24.87	0.82	0.43	0.48	1.72	0.04	9.71
平均值	7.03	59.25	2.32	1.98	2.01	6.31	0.28	22.60
标准差	0.78	21.15	1.18	0.89	1.33	2.41	0.18	6.50
变异系数	11.14	35.69	50.72	44.79	66.19	38.23	64.17	28.76

第二节　有机肥与烤烟生产

有机肥与无机肥相比最大的区别在于有机肥含有机质，有机质可以为微生物的生存提供氮和碳营养，从而提高其种类和数量，达到改良土壤的目的。在云南烤烟生产中，施用有机肥不但有利于土壤保育和烤烟吸收养分，而且有利于烟叶品质形成。近年来的研究结果指出，配施有机肥能较长时间地使烤烟根系保持活力，明显提高钾素在烟叶的分配比例，因此改善烟叶外观质量、增加烟叶香气和吃味的作用较大。

一、施用有机肥对土壤环境的主要作用

（一）提供全面养分，提高土壤保肥保水能力

有机肥含有作物所需要的营养成分和各种有益元素，而且养分比例协调，有利于作物吸收。因此，一般有机肥施得越多，越有利于土壤养分平衡，从而越有利于作物对土壤养分的吸收和利用，多施有机肥不会造成土壤中某种营养元素大

量增加，不会破坏养分平衡。从表 8-5 可知，配施有机肥可显著提高植烟土壤的氮、磷、钾等有效养分含量。

表 8-5　配施有机肥对土壤速效养分含量的影响

处理	取样深度（cm）	碱解 N（mg/kg）	有效 P（mg/kg）	有效 K（mg/kg）	有效 Ca（mg/kg）	有效 Mn（mg/kg）	水溶性 B（mg/kg）
单施化肥	0～20	84.7	24.9	270	276	30.8	0.5
	20～30	82.4	6.2	167	297	17.4	0.1
厩肥+化肥	0～20	122.2	33.2	386	249	36.0	0.6
	20～30	118.6	13.7	171	241	36.4	0.4

有机肥有较强的阳离子代换能力，可以吸附钾、铵、镁、锌等营养元素，防止其淋失，提高土壤保肥能力，尤其是腐熟的有机肥。此外，有机肥还具有很强的缓冲能力，可防止因长期施用化肥而导致的土壤酸度变化和板结，可提高土壤自身的抗逆性，保证良好的土壤生态环境。

（二）促进土壤微生物繁殖，减少养分固定

有机肥含有大量的有机质，是各种微生物生长繁育的理想环境。在土壤生态系统中，微生物是重要和最活跃的组成部分，是土壤生物活性的重要组成。土壤微生物是所有进入土壤的有机物质的分解者和转化者，参与有机质的矿质化、腐殖化过程，与土壤有机质的含量密切相关。土壤微生物的生物量和多样性与土壤可利用元素含量之间存在明显的相关性，这是由于土壤微生物自身含有一定量的 C、N、P、S、K 等营养元素，当其死亡分解后，这些元素可被植物吸收利用。王兴松等（2022）研究指出，配施有机肥可增加土壤中细菌、放线菌、霉菌、解磷菌、解钾菌和反硝化细菌的生物量（表 8-6）。因此，可以认为微生物是土壤中一个活跃的营养元素库。

表 8-6　配施有机肥对土壤微生物生物量的影响

菌类	单施化肥（个/g 土）	厩肥+化肥（个/g 土）
细菌	2.04×10^5	2.19×10^7
放线菌	4.00×10^4	4.58×10^5
霉菌	8.23×10^3	7.00×10^4
解磷菌	6.03×10^4	3.73×10^6
解钾菌	2.63×10^4	1.58×10^7
硝化细菌	4.50×10^5	7.10×10^2
反硝化细菌	2.00×10^3	6.00×10^4

有机肥含有许多有机酸、腐殖酸、羟基等物质，具有很强的螯合能力，能与

许多金属元素如锰、铝、铁等螯合形成螯合物，既可减少锰离子对作物的危害，又可防止铝与磷结合成很难被作物吸收的闭蓄态磷，大大提高土壤中磷的有效性。

（三）形成土壤团聚体，疏松植烟土壤

有机-无机团聚体是衡量土壤肥沃程度的重要指标，其含量越多，土壤物理性质越好、越肥沃，保土、保水、保肥能力越强，通气性能越好，越有利于烤烟根系生长（图 8-1）。

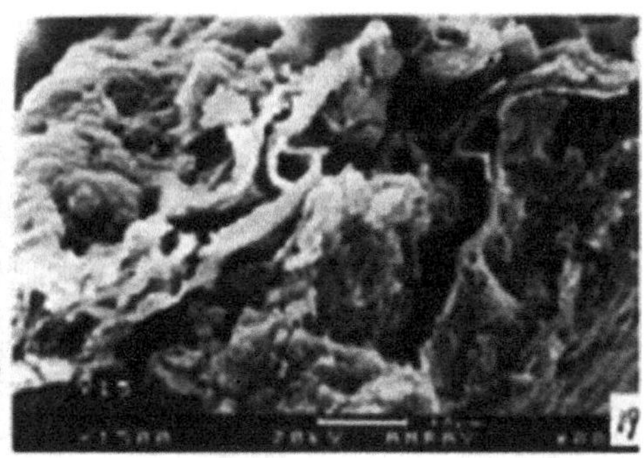

图 8-1　植烟土壤（0～20cm）显微结构（左：单施化肥，右：厩肥+化肥）

从表 8-7 可以看出，配施有机肥能降低土壤容重和提高土壤总孔隙度，植烟土壤变得较为疏松。

表 8-7　配施有机肥对土壤容重和总孔隙度的影响

处理	容重（g/cm^3）			总孔隙度（%）		
	第一年	第二年	平均值	第一年	第二年	平均值
单施化肥	1.309	1.314	1.312	50.8	50.6	50.70
饼肥+化肥	1.217	1.215	1.216	53.8	53.9	53.85
厩肥+化肥	1.243	1.260	1.252	52.9	52.4	52.65

二、配施有机肥对烤烟生长及产质量的影响

（一）对烤烟生长发育的影响

有机肥肥效发挥缓慢，单施有机肥难以满足烤烟正常生长发育所需，若与化肥配合使用，既能培肥地力，又能提高作物对化肥氮的利用率。徐照丽和杨宇虹（2007）研究指出，有机无机肥配合施用，能较长时间地使烤烟根系保持活力，促进烟株早生快发，并可增加有效叶数（表 8-8）。

表 8-8 配施有机肥对烤烟生长发育的影响

处理	团棵期		旺长期		现蕾期		打顶期		
	株高（cm）	叶面积系数	株高（cm）	叶面积系数	株高（cm）	叶面积系数	株高（cm）	茎围（cm）	有效叶数（片/株）
单施化肥	26.75	0.59	69.40	1.69	104.35	2.91	96.10	10.50	18.7
饼肥+化肥	30.50	0.64	73.75	1.76	111.45	3.17	102.55	11.30	19.6
厩肥+化肥	27.95	0.61	69.90	1.72	105.70	2.99	96.85	10.80	19.4

（二）对烤烟经济指标的影响

配施有机肥能够降低烤烟上部叶厚度，提高其细胞组织孔隙度，使叶片厚度、组织结构疏密程度较为适宜，且内含物较为充实，这种烟叶的耐熟性强、落黄好、成熟度高，烤后经济指标优于单施化肥处理（表 8-9）。

表 8-9 配施有机肥对烤烟经济指标的影响

处理	产量（kg/亩）	产值（元/亩）	均价（元/kg）	上等烟比例（%）
单施化肥	128.37	1031.97	8.03	23.5
饼肥+化肥	145.19	1189.63	8.21	27.9
厩肥+化肥	131.13	1067.42	8.15	27.9

（三）对烤烟化学成分的影响

王日俊等（2021）研究认为，施用有机肥有利于烟叶干物质的积累和烤烟根系体积的增加，并对后期叶绿素的降解和叶片的成熟落黄有较好的促进作用，使得烟叶化学成分更加协调。从表 8-10 可以看出，配施有机肥与单施化肥相比，烟叶还原糖含量显著提高，而烟碱含量有所降低，糖碱比较为协调。

表 8-10 配施有机肥对烤烟化学成分的影响

处理	烟碱（%）	还原糖（%）	蛋白质（%）	Cl（%）	K_2O（%）	总 N（%）	糖碱比
单施化肥	2.93	14.35	6.21	0.46	0.79	3.06	4.9
饼肥+化肥	2.63	20.28	7.11	0.19	0.79	2.86	7.7
厩肥+化肥	2.71	20.19	7.45	0.29	0.92	3.17	7.5

但是饼肥施用过量会使中上部叶尤其是上部叶的烟碱含量大幅度增加，总糖含量也有上升趋势（表 8-11）。所以，在土壤肥力中等的条件下，饼肥用量应控制在 40kg/亩以下，以 20～30kg/亩为宜。

表 8-11 饼肥用量对不同部位烟叶化学成分的影响

叶位	饼肥用量（kg/亩）	总糖（%）	总N（%）	蛋白（%）	烟碱（%）	糖碱比
下二棚叶	0	23.21	1.83	8.63	1.68	13.82
	20	23.86	1.72	8.72	1.76	13.56
	40	23.35	1.74	8.74	1.80	12.97
	60	22.87	1.70	8.66	1.74	13.14
腰叶	0	28.25	1.78	8.56	2.15	13.13
	20	28.54	1.76	8.59	2.33	12.24
	40	28.59	1.75	8.70	2.74	10.43
	60	28.56	1.80	8.92	2.87	9.95
上二棚叶	0	25.33	1.77	8.22	2.75	9.21
	20	26.56	1.85	8.32	2.87	9.25
	40	28.10	1.99	8.58	3.12	8.75
	60	28.42	2.36	9.44	3.45	8.24

（四）对烟叶香气物质的影响

不同饼肥对烟叶香气物质含量影响的研究结果（表 8-12）表明：香气物质总量为饼肥配施处理最高，顺序为饼肥配施>厩肥配施>单施化肥。其中，有 8 种香气物质含量为饼肥配施处理最高，包括新植二烯、茄酮、糠醇、4-环戊烯二酮等。

表 8-12 不同处理的烟叶香气物质含量 （mg/g）

香气物质	单施化肥	饼肥+化肥	厩肥+化肥
甲苯	4.4414	4.5987	4.8143
糠醛	1.6817	1.7381	1.4165
糠醇	5.3362	5.5538	5.5272
4-环戊烯二酮	1.5291	1.6922	1.4720
苯甲醛	0.0359	0.0388	7.4900
5-甲-2-糠醛	0.1963	0.2001	0.0597
6-甲-5-庚烯-2-酮	0.3417	0.2598	0.2775
2,4-庚二烯醛	1.0682	0.5092	1.0727
苯甲醇	14.8956	9.2211	10.8255
苯乙醛	1.1274	1.0365	0.6402
乙酰基吡咯	0.7505	0.6803	0.6147
苯乙醇	2.4326	1.5252	1.9664
吲哚	0.4833	0.3483	0.3476

续表

香气物质	单施化肥	饼肥+化肥	厩肥+化肥
4-乙烯-2-甲氧基苯酚	1.6317	1.5868	1.3304
茄酮	20.3168	27.3049	18.9763
β-大马酮	2.2825	2.2617	1.9911
香叶基丙酮	0.9589	1.0076	1.1211
氧化茄酮	12.7067	15.3358	12.7905
二氢猕猴桃内酯	2.0542	1.8585	1.8327
巨豆三烯酮 1	0.4532	0.4747	0.4773
巨豆三烯酮 2	3.0130	2.8843	3.0835
巨豆三烯酮 4	0.3178	0.2384	0.1333
3-羟基-β-大马酮	8.6119	8.5683	8.8918
巨豆三烯酮 3	3.5420	3.6207	3.9004
3-氧化-α-紫罗兰醇	5.4709	6.8204	6.7514
二羧基苯	0.8160	0.7513	0.4493
新植二烯	739.19	781.17	740.27
总和	835.6855	881.2855	838.5234

（五）对烟叶感官质量的影响

配施有机肥对提高烟叶外观质量、增加烟叶香气和改善烟叶吃味的作用较大。不同处理的烟叶评吸结果（表 8-13）表明，配施饼肥、厩肥与单施化肥相比，烟叶香气质纯净、香气量较足、杂气较少、刺激性适中、余味舒适、烟气浓度大、燃烧性好、总分较高。

表 8-13　不同处理的烟叶评吸结果

处理	香气质	香气量	杂气	刺激性	劲头	浓度	余味	燃烧性	灰分	总分
单施化肥	13.0	13.0	7.0	7.0	8.0	7.0	7.5	3.5	4.0	70.0
饼肥+化肥	14.0	13.8	8.3	8.0	8.3	8.0	8.3	4.5	4.3	77.5
厩肥+化肥	14.5	14.8	8.3	7.5	8.3	8.0	8.3	4.5	4.5	78.7

注：香气质、香气量权重各占 20%，杂气、刺激性、劲头、浓度、余味各占 10%，燃烧性、灰分各占 5%

第三节　有机肥堆捂

有机肥来源非常广泛且品种繁多，好多新鲜有机肥带有病菌、虫卵和杂草种子，带进烟田会危害烤烟生长。因此，烤烟生产技术规范化要求严格，烟田的有机肥必须经过堆捂处理后方能施用。为此，弄清有机肥堆捂基本原理，普及有机肥堆捂技术，切实掌握有机肥堆捂实际操作，对落实规范化生产、提高烤烟生产整体水平具有重要的现实意义。

一、有机肥堆捂的基本原理

有机肥堆捂发酵是指各种微生物对有机物残体进行矿化分解，使其转化为腐殖质和释放出供作物吸收利用的各种可溶性无机养分。在堆肥的整个腐熟过程中，参与发酵的微生物在不同阶段有所不同，并经历不同的温度变化阶段。

（一）发热阶段

该阶段首先是在以喜糖霉菌（白霉菌）和无芽孢细菌为主的微生物作用下，有机物分解成水溶性物质和淀粉等，继而分解成蛋白质和部分纤维素、半纤维素，并释放出二氧化碳和热量，称为发热阶段，温度会从常温上升到 40～50℃。

（二）高温阶段

发热阶段后，占优势的微生物是好热性真菌和高温纤维素分解菌等，主要分解纤维素、半纤维素、果胶类物质和部分木质素，并放出大量热能，促使温度快速上升，该阶段称为高温阶段，温度在 50～70℃。该阶段除矿质化过程外，还发生腐殖化过程，有利于加速堆肥腐熟和杀死病菌、虫卵，是决定堆捂成败的关键。

（三）降温阶段

随着堆肥中纤维素、半纤维素、木质素等残存量减少，微生物活动强度减弱，产热量减少，该阶段称为降温阶段，温度降到 50℃以下。此时，堆肥中以中温微生物为优势种群，其主要作用是合成腐殖质。这一阶段主要是保存已形成的腐殖质和各种养分。

二、有机肥堆捂需要控制的因素

有机肥堆捂发酵过程是有机物经分解、腐熟成为可用肥料的过程，实际上是微生物分解有机物的过程，腐熟速度与微生物活动密切相关。因此，想要提高堆捂肥料的质量，就要为微生物的活动创造优良的环境条件。

（一）水分

微生物在堆料中完成生命活动，其生命体的水分占 70%～80%。堆肥保持适当的含水量，是促进微生物活动和堆肥完成发酵的首要条件，一般含水量以占堆捂材料总量的 60%～75%为好。堆肥材料最好事先浸湿，手握紧堆肥材料有水从指缝间挤出即表明含水量大致适宜。

（二）通气

堆肥的通气状况关系到微生物的正常活动与堆肥的腐熟速度和质量。一般在堆肥初期要创造较好的通气条件，以促进好气性纤维素分解菌活动和氨化、硝化作用，加速有机物质的分解；堆肥后期要创造厌氧条件，以利于腐殖质形成和减少养分损失。因此，堆肥材料的堆放不宜太实或太松，可用通气沟或通气管来调节通气状况。

（三）温度

堆肥温度是反映各类微生物群落活动状态的指标。一般好气性微生物的适宜温度为 40～50℃，厌气性微生物为 25～35℃；中温纤维素分解微生物为 50℃以下，高温纤维素分解微生物为 60～65℃。控制好温度才能获得充分腐熟的优质肥料，堆温过高、过低都影响堆捂速率。通常加入马粪、羊粪等热性肥料可促进纤维素分解微生物的活动以利升温，并适当加大肥堆以利保温。一般要求先保持一周 55～65℃的温度，然后维持中等温度 40～50℃以利纤维素分解，促进养分释放。

（四）酸碱度（pH）

中性或微碱性条件有利于堆肥中多数微生物的活动，从而加速肥料腐熟。堆肥过程中原料腐化会产生各类有机酸和碳酸而使肥堆酸化，因此在堆捂有机肥时要加入适量的石灰或草木灰或钙镁磷肥，以中和酸性。

（五）碳氮比（C/N）

碳氮比是指有机物本身含有的碳素和氮素的比。堆肥材料有适宜的碳氮比能加速堆肥腐熟，促进腐殖化。一般微生物分解有机质的适宜碳氮比为 25～35∶1，而作物秸秆的碳氮比多为 60～85∶1，碳氮比过大，不利于微生物活动，导致腐熟过程缓慢，抑制腐殖化，有机质损失过多。因此，可在堆肥材料中加入少量尿素或牲畜粪尿等含氮多的物质，以调节碳氮比，使其降到 25～35∶1，以利微生物活动，从而促进堆肥中有机物的分解，缩短堆肥腐熟时间。

三、适合烟田有机肥堆捂的几种方法

广大烟农在生产实践中积累了许多有机肥堆捂方法。而以下三种方法将传统生产与现代技术结合了起来，可提高堆捂肥料质量，使其适合在烟田施用，可因地制宜采用。

（一）厩肥堆捂方法

厩肥也称圈肥、栏肥。烟农家的畜禽圈内、栏内有许多垫草、垫土、垫秸秆（多数为稻秆、玉米秆）等，均可用于堆捂厩肥。据测定，厩肥平均含有机质 25%、氮 0.5%、磷 0.25%、钾 0.5%，是很好的烤烟有机肥。具体操作：从畜舍内取出厩肥运至堆肥场地，层层堆积，不压紧，每堆一层浇淋少量氮素化肥，并加入钙镁磷肥，以减少氮肥损失和提高磷肥肥效，堆成宽度 2～3m、长度不限、高 1.5～2m 的肥堆，然后将泥浆糊在表面或用塑料膜密封。

厩肥疏松堆制、通气良好，可促使好气性纤维素分解微生物等活动旺盛。2～5 天堆温可高达 50～70℃，从而杀死病菌、虫卵、杂草种子等，一般 2～3 个月就可腐熟。

（二）作物秸秆堆捂方法

各烟区有不少作物秸秆，如玉米秆、稻秆、小麦秆、豆秆和油菜秆等，这些秸秆是很好的烟田有机肥源。由于秸秆碳氮比大、分解缓慢，制作有机肥时选用高温堆捂技术为佳。

1. 场地选择

选择地势平坦、靠近水源、背风向阳的地块。先整平夯实地面，再铺 3～4cm 细草或泥炭，以吸收下渗肥液。

2. 堆肥材料

秸秆 100 份，牛马粪 10～20 份，石灰 3 份，磷肥 1 份，水 60～70 份。

3. 操作方法

第一步，把作物秸秆用粉碎机粉碎或用铡刀切断，长度为 3～4cm。

第二步，把切短的秸秆用水浇湿、渗透，一般使秸秆含水量达到 60%～70%。

第三步，将秸秆摊在场地，按比例掺入牛马粪、石灰、磷肥和水，用铁铲翻拌均匀，随掺随堆，堆成高 1～2m 的长方形，然后泼水湿透，堆顶覆盖 4～5cm 的细土，再盖上塑料膜更好，以利保温、保水和保肥。

第四步，堆捂 2～3 天后堆内开始发热，再过 5～7 天堆温可达到 60～70℃，即可进行第一次翻堆，把外层翻到中间，把中间翻到外层。如发现过分干燥，要适量补充水分，重新堆捂封盖。此时堆温暂降，几天后会继续升温。待 10 天后进行第二次翻堆，此时视堆肥干湿状况适量加水。2～3 周后堆温可逐渐降到 40℃左右，堆肥已达到腐熟程度，即可施用或压实保肥。如果堆肥材料尚未完全腐熟，还需进行翻堆，直至完全腐熟。

（三）应用腐熟菌剂捂堆有机肥

腐熟菌剂是采用现代化学、生物技术，通过特殊的生产工艺生产出的微生物菌剂。应用腐熟菌剂堆捂有机肥，可加速微生物繁殖，使堆温上升快，堆肥腐烂快，堆肥质量高。目前比较适用的产品有 HM 发酵菌、腐秆灵、CM 发酵菌催腐剂、酵素菌等。

具体操作：在堆制厩肥和作物秸秆的过程中，先将腐熟菌剂兑水得到所需比例（按产品出厂说明书），堆肥时将配好的药液均匀喷洒在堆肥材料上，随喷拌匀，随拌随堆，堆完糊上泥浆，外表可再加一层塑料薄膜以保温。2～3 天后，堆内温度可达 60～70℃。10 天后翻堆，加入少量牛马粪和水，混合均匀，重新堆积盖严，如此重复 2～3 次即可。

四、有机肥腐熟标准

堆捂的有机肥一定要达到充分腐熟才能施用。充分腐熟的有机肥主要特征有：臭味不明显，肥堆已降至常温，秸秆易揉碎，颜色由黑变为棕，表层下部可见白色菌丝。使用腐熟菌剂堆捂发酵农家肥一般 40 天左右可达到完全腐熟，堆捂发酵时间过长的农家肥呈“灰、粉、土”，会显著降低肥效（图 8-2～图 8-4）。

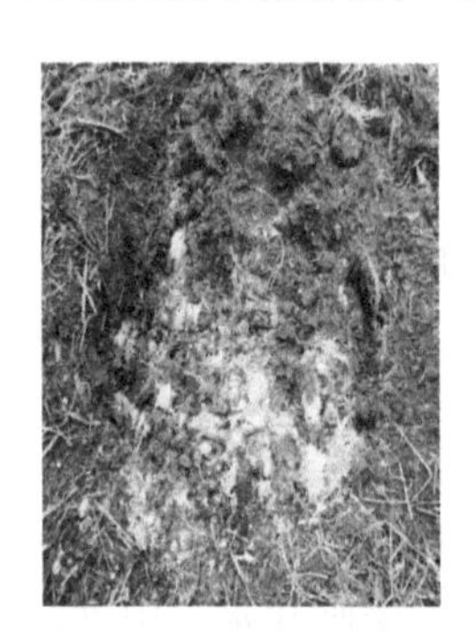

图 8-2　未腐熟的有机肥

图 8-3　腐熟的有机肥

图 8-4　腐熟过度的有机肥

第四节　有机肥施用

合理施用有机肥是培肥地力、改良土壤、改善生态环境的有效措施，在烤烟生产上应积极提倡施用有机肥。但是各种有机肥的成分、性质、肥效各不相同，而且施入后养分释放缓慢。因此，烤烟施用的有机肥一定要腐熟，并且要及早施用。

一、施用量和施用方法

烤烟生产中，有机肥氮与无机肥氮的比以 2.5～3∶7～7.5 为宜，即有机肥氮占总氮的 25%～30%。

（一）菜籽饼（油枯）

施用量：相对而言，菜籽饼（油枯）的氮含量较高（5%左右），养分释放缓慢，用量不宜超过 40kg/亩，一般以 20～30kg/亩为宜。

施用方法：菜籽饼一般环施，如塘施则必须充分拌塘，使菜籽饼与土壤充分混匀。

（二）厩肥（农家肥）

施用量：厩肥（农家肥）的氮含量较低（0.5%左右），养分释放较缓慢，用量可控制在 500～1000kg/亩。

施用方法：厩肥（农家肥）可采用翻耕前撒施、起垄前条施和起垄后塘施或者栽烟后盖塘。

（三）商品有机肥

施用量：商品有机肥的使用面积有逐年增加的趋势，其氮含量多在 1.5%左右，施用量多为 100～200kg/亩。

施用方法：商品有机肥可作基肥施用，一般选择起垄前条施或起垄后塘施。

二、施用不当对烤烟生长的影响

有机肥矿化较慢，当季利用率较低，施用不当或腐熟不充分会对烟株生长产生不利影响。

（一）有机肥施用过量

过多施用有机肥会造成烟株在生长前期养分吸收不足，因此早生快发，主要表现为心叶发黄、生长迟缓（图 8-5）。

（二）施用未腐熟有机肥

如果有机肥未充分发酵，施用后在土壤中分解会导致高温和生成甲酸、乙酸、乳酸等有机酸，对烟株生长产生不利的影响，主要表现为前期生长缓慢（图 8-6）。

图 8-5　有机肥施用过量

图 8-6　施用未腐熟与腐熟有机肥对比

第九章　云南烤烟水肥综合管理

在整个生长发育过程中，烟株不断地进行吸水和耗水的水分代谢过程。当吸水和失水达到动态平衡时，烟株正常生长，有利于烟叶产量和品质的形成；当烟株通过蒸腾作用散失的水分超过吸收的水分时，就会造成组织内水分亏缺，叶片呈萎蔫状态；当土壤或基质含水量过高而出现通气不良时，烟株根系活力下降，吸水能力降低，发生生理干旱，对烟株的生长发育和产量及品质形成产生十分不利的影响。

第一节　烤烟漂浮育苗水肥管理

漂浮育苗中，由于烟苗的吸收和蒸发，营养液中水分会不断减少，故需经常补充水分。整个育苗过程不能出现缺水现象，水分管理的原则是“保持湿润，先少后多”。

一、水分管理

（一）池水水量控制

从播种到小十字期，因气温低、池水过多，故育苗池水（营养液）升温缓慢，水深一般控制在3～5cm；进入大十字期后，因气温升高、水分蒸发加大，故育苗池水深可增至10～15cm，以育苗盘与池埂平齐时的池水深度最为合适；大十字期至成苗期，应保持水深在15cm以上，将育苗盘托出育苗池，利于通风炼苗。另外，蒸发或底膜渗漏等会导致池水减少，当池水深度低于最低限时，要即刻注入清水并搅匀。部分烟区由于育苗初期温度过低采用湿润育苗，待烟苗出齐后再放入育苗池进行漂浮育苗；部分烟区通过放池水、闭棚使水温升高后才开始育苗。生产实践证明，育苗池水深应根据育苗实际进行相应调整。

（二）池水pH控制

为保证烟苗正常生长发育，育苗池水pH应为5.0～6.8。随着营养液中养分被烟苗吸收利用，其会发生偏酸或偏碱的变化；炭化稻壳或炭化玉米穗轴作基质时碱性较大，有时可使营养液 pH 上升 1～2 个单位。pH 过高（>7.0）会导致 Fe、Mn、Cu 和 Zn 等元素沉淀，使烟苗不能吸收利用，导致根系发育不良或死苗；pH 过低（<5.0）会影响出苗且易滋生藻类，并使烟株过量吸收某些元素而发生中毒。总之，pH 不适宜，烟苗根系发黄、坏死，叶片失绿，导致育苗失败。

徐发华等（2003）研究表明，营养液 pH 为中性时，烟苗生长发育最佳（表 9-1），但营养液为微酸性时利于烟苗根茎病害控制。所以，每次配制营养液时须用精密 pH 试纸持续监测池水 pH，偏高时可加适量 0.1nmol/L 稀硫酸、盐酸、磷酸或硝酸等校正，偏低时加适量 0.1nmol/ L 氢氧化钠或氢氧化钾等校正。在硬水地区如用磷酸调整 pH 不应加得太多，因营养液中磷酸超过 50μl/L 时会使 Ca 开始沉淀，故常将硝酸和磷酸混合使用。

表 9-1　营养液 pH 对烤烟漂浮苗的影响

pH	茎围（cm）	叶片数	侧根数	地上部		地下部	
				干重（mg/株）	鲜干比	干重（mg/株）	鲜干比
6.0	2.59	7.4	41.5	140	18.5	330	19.6
6.5	2.54	7.6	44.0	150	17.7	360	18.3
7.0	3.21	8.6	50.5	210	17.2	510	16.6
7.5	2.70	7.8	43.5	120	19.4	310	19.6
8.0	2.61	7.2	31.8	130	17.2	440	18.0

二、养分管理

（一）烟苗需肥特征

从出苗到 2～3 片真叶形成，烟苗单株干重平均为 4.3mg，对肥料的吸收量很少；7～8 片真叶形成时，烟苗单株干重迅速增加近 100 倍，对氮、磷、钾等养分的需求也迅速上升，在此期间吸收的氮（N）平均占苗期的 29.84%，磷（P_2O_5）平均占苗期的 24.96%，钾（K_2O）平均占苗期的 20.91%；8～10 片真叶形成时，烟苗已属成苗，单株干重比前期增长 2～3 倍，苗期需肥量以此期为最大，对氮、磷、钾的吸收量分别占苗期的 68.37%、72.76%和 76.7%。可见，烤烟幼苗在十字期前需肥很少，十字期后逐渐上升，以移栽前半个月需肥量最大。

（二）基质养分调控

育苗盘放入营养池后，营养液即开始进入基质并向上运动，基质水分蒸发及烟苗吸收利用等因素导致基质中养分分布逐渐不均匀。一般情况下，基质中盐分在盘面以下 1.0～1.5cm 处富集最多。出苗期光照过强、温度过高时，育苗盘盘面水分大量蒸发使盐分富集，往往出现盐害，造成烟苗死亡。在苗穴中，水溶性磷、钾由下向上浓度逐渐降低，而氮和 Ca、Mg、Cu、Zn、Fe、Mn 等金属元素则在基质上部积累，这是由于基质表面水分蒸发时会将营养液中矿质元素经毛细管空隙向上带到基质上部。因此，为了平衡基质养分，防止盐害发生，出苗后每隔 2～3 天须进行基质浓度检测，盐分浓度过高时要进行苗盘喷淋，使矿质元素向下淋溶。

营养液电导率（EC）是反映溶液导电能力与含盐量的指标。营养液含盐量很低，导电能力也就很低。吴涛等（2007a，2007b）研究表明，漂盘播种后，基质盐渍化程度与育苗过程中温湿度和基质 EC 密切相关，基质盐渍化易造成出苗率低、烟苗素质和成苗率下降。通过控制基质含盐量，使其饱和浸出液的 EC（25℃）≤1.160mS/cm，能有效降低基质盐渍化对漂浮育苗的影响。

（三）施肥时期、施肥量和肥料种类

1. 施肥时期

育苗基质不含养分或养分含量很低，只能满足烟苗最初生长所需。播种出苗后，随着烟苗的生长，育苗池的营养水平会不断下降，烟苗可能会出现缺氮症（图 9-1）。因此，须对育苗池施肥，以促进烟苗健壮生长。相关研究表明，在烟苗生长早期（播种后 30 天内、第 1 真叶期），营养液中氮浓度以 50～100g/cm^3 为宜，播种 30 天后（第 3 真叶期）以 100～200g/cm^3 为宜。

图 9-1 烟苗缺氮

苗期施肥须“多点施入”，推荐操作：①先用半桶水将 0.5kg 烟草专用肥充分溶解，将肥料溶液量（以瓢数或碗数计）调整为每个育苗池育苗盘行数的整数倍，取出第 1 行育苗盘，加入整数倍肥液，搅拌，再将第 2 行育苗盘推到前端，按上法施入肥液，依此类推，施完后将取出的育苗盘放回育苗池。②将肥料完全溶解于装有水的桶中，沿苗池走向边走边将肥液倒入池中，搅动，使营养液混匀。施肥后往池中注入清水，保持水深 5cm 以上，并经常进行盘面喷水，以洗盐、补充水

分蒸发损失、维持池中营养液水位。施肥时，肥料溶液不能直接施在盘面或烟苗上。

第 1 次施肥：在第 1 真叶期进行，营养液纯氮浓度为 100g/cm^3，烟草专用肥施用量的计算公式为：施用量（g）=营养液纯 N 浓度（g/cm^3 水）/肥料含 N 量（%）×（池长×池宽×水深）（m^3）。例如，一个长 10m、宽 1.5m、水深 5cm 的育苗池，要用纯 N 为 16%、P_2O_5 为 8%、K_2O 为 16%的育苗专用肥施肥，若营养液纯氮浓度为 100g/cm^3，则肥料施用量应为 468.75g，即 100g/cm^3/16%×10m×1.5m×0.05m≈470g。

第 2 次施肥：在第 3 真叶期进行，将营养液氮浓度调整为 150g/cm^3，专用肥施用量由技术员用电导仪测定营养液电导率（表 9-2）后经换算确定。实践证明，营养液适宜的电导率为 2～4mS/cm，超过 4mS/cm 时烟苗萎蔫，当电导率低于标准值的 1/2 时应及时追肥，直至恢复为原电导率。第 2 次施肥注意事项与第 1 次相同。两次施肥后，一般无须补肥，但当水渗漏导致肥料流失或受天气影响不能及时移栽等造成烟苗发黄时，可按第 2 次施肥模式补肥。研究表明，营养液中 P_2O_5 浓度以 100～150mg/L 为佳；对于烟苗缺硼症，应在大十字期用 0.05%～0.1%硼砂溶液进行叶面喷施。

表 9-2　烤烟漂浮育苗的专用肥含量及相应的电导率

指标	营养液 N 浓度（g/m^3）						
	0	50	100	150	200	250	300
营养液育苗专用肥含量（%）	0	0.03	0.07	0.10	0.13	0.17	0.20
营养液电导率（mS/cm）	0.20	0.59	0.92	1.22	1.49	1.74	1.97

2. 施肥量

肥量过多会导致烟苗生长过旺，尤其是地上部生长过于繁茂、相互遮蔽，造成烟苗组织柔嫩、抗逆性差，易遭受病虫侵染，如根腐病等在施肥过多时发生和蔓延很快（图 9-2）。因此，施肥过多时应通过剪叶控制地上部生长或在池中加清水稀释肥料，同时用清水适度淋洗基质。

图 9-2　营养液中高浓度氮导致烟根腐烂

第二节　烤烟大田期水分管理

在烤烟大田生长发育过程中，应根据其生长发育特点和需水规律，适当调控土壤含水量，使其尽量接近最适值，以促进烟株正常生长发育和烟叶优良品质形成。

一、烤烟不同生长阶段的水分需求

根据烤烟的生长发育特点，不同生育期的最适土壤含水量不尽相同，因此各个时期的浇灌量及要求不同。在不受土壤水分限制的条件下，烤烟蒸腾耗水除取决于自身的生物学特性外，也常随环境条件而变化，这也是蒸腾耗水发生年际变化的主要原因。由图 9-3 可看出，烤烟大田期的相对蒸腾量表现为移栽后前 3 周较小，之后逐渐增大，移栽后 6～8 周即旺长期达到峰值，移栽 8 周后逐渐减小，其变化趋势呈单峰曲线。所以，旺长期是烤烟需水的关键阶段。

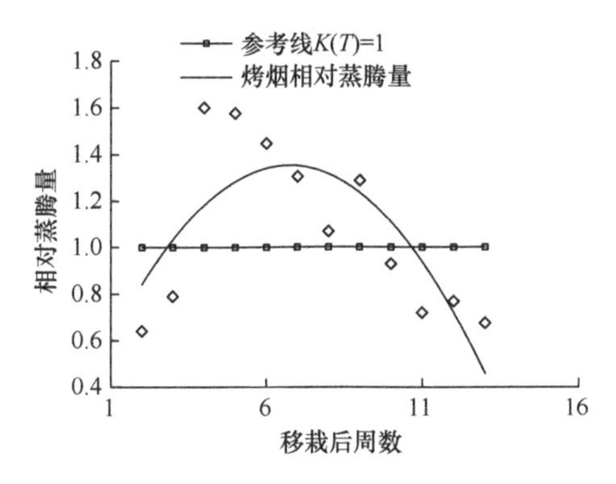

图 9-3　烤烟大田期相对蒸腾量

二、烤烟大田期灌溉指标

在整个大田期的水分管理上，应遵循“前控、中促、后控”的原则，根据大田期灌溉指标（表 9-3）进行科学灌溉。灌溉时要防止水分过多造成的“水烘”或“返青”、水分过少造成的“旱烘”等情况发生。

烟田是否需要灌溉应根据实际情况确定，即“看天、看地、看烟株”。“看天”就是看当时的降水情况。一般旺长期间干旱持续 15～20 天就需要进行灌溉。“看地”就是看土壤含水量情况。除伸根期土壤可维持轻度干旱外，其余时期土壤

表 9-3　烤烟大田期灌溉指标

生育期	干旱指标	计划湿润层	灌水次数
还苗期	≤50%	20～25cm	0
伸根期	≤50%	20～25cm	1
旺长期	≤70%	40～50cm	2
成熟期	≤60%	30～35cm	1

注：干旱指标指土壤相对含水量（占田间最大持水量的比例）

含水量的标准为保持离烟株根际 10cm 左右范围的土壤处于湿润状态，若手握土壤成团，掉下散开，说明水分适宜，若手握土壤不能成团则需要灌溉。“看烟株”就是看中午 12:00～14:00 的烟叶含水量情况。如果烟叶中午轻度凋萎，傍晚恢复正常，说明是暂时的生理缺水，如果中午凋萎严重，至傍晚都不能恢复，则表示烟田土壤严重缺水，必须及时灌水才能保证烟株正常生长发育（图 9-4）。一般灌水周期为 7～10 天，灌溉时间以清晨和傍晚为宜。

图 9-4　干旱缺水需要浇灌的烟株

三、烟田排水防涝

烤烟在整个生育过程中需要充足的水分，但水分过多也不利于生长。烤烟是不耐涝的植物，受淹后会产生生长不良、萎蔫、底烘或死亡等不同表现。因此，烟田防涝排水也是烤烟水分管理的一项重要工作。烟田必须开挖腰沟、边沟和排水沟，下雨时注意清理沟渠，防止淤塞，做到“沟无积水”。山地烟排水注意水土流失问题，要在烟田上方挖截水沟或筑田埂，把水引走，防止水流顺坡而下冲刷土壤、冲毁烟田。

烤烟大田期适逢雨季，应注意疏通排灌沟渠，保持烟田边沟、腰沟比子沟（垄沟）深3～7cm，雨后能及时排水（图9-5）。大雨过后应做好清沟排水工作，防止田间积水，减少肥料流失、垄体板结及病害发生。

图9-5　排水良好的烟田

第三节　烤烟滴灌与水肥一体化

滴灌是一种通过管道将水送到作物根部进行局部灌溉的灌水方式。在滴灌系统中，灌溉水通过主管、干管、支管均匀地送到滴灌带，再由滴口缓慢地滴到表面土层并扩散到烟株根部土壤以满足烟株生长发育需要。滴灌是缺水烟区实现水资源高效利用的一种灌溉方式，更是一种现代烟草农业生产技术措施。滴灌与水肥一体化则是将肥料溶解在灌溉水中，利用滴灌系统同时进行灌溉与施肥，适时、适量地满足烤烟对水分和养分的需求，从而实现水肥同步管理和养分高效利用的烤烟节水、节肥生产技术。

一、烤烟滴灌与水肥一体化的优点

（一）提高烟叶产量

传统的烟田灌溉方式如沟灌、畦灌、漫灌，灌水间隔长，一次灌水量大；在灌水间隔期内，土壤含水量变化大，烤烟生长受到一定影响。滴灌方式的土壤含水量变幅较小，可保持在适宜水平，便于烤烟吸收水分和养分，减少体内能量消耗。一方面，滴灌与水肥一体化避免了传统施肥中一次性用量过多导致的盐分胁迫而难以生根，烤烟更易早生快发；另一方面，滴灌与水肥一体化中进入土壤的水以毛细管水形式存在，因而能使土壤保持有效的通气状态，促使烟株根系更为发达，从而有利于烟株生物量的形成和烟叶产量的提高。一般而言，滴灌与水肥一体化技术的增产率为20%～30%。

（二）改善烟叶品质

由于滴灌与水肥一体化可实现肥料养分的分期精准供给，促进烟株水肥协调，因此烤烟生长发育株型合理，烟叶分层落黄一致、不贪青、易成熟、易烘烤、色泽一致，可实现年度质量稳定。烤烟合成烟碱的部位是根系，而滴灌与水肥一体化使烤烟根系更为发达，提高了烤烟的烟碱合成能力，非烟碱氮积累减少，烟叶氮碱比更为协调。

（三）高效利用水资源

云南多数烟区水资源较为紧缺，在烤烟生产中如何有效利用有限的水资源，通过水肥配合来提高烤烟对水、肥的利用效率是急需解决的问题。而滴灌可通过管道系统和滴灌带上的滴口，按烤烟的实际需水量将水适时、适量、准确地补充到烟株根部土壤进行灌溉。由于滴灌只湿润部分地表，输水过程中的田间渗漏及蒸发损失可减小到最低限度，从而最大幅度地提高水资源的利用效率，变“水浇地”为“水浇烟”。在需水关键期适时滴灌，能最大限度地满足烤烟生长的需水要求。正常情况下，每次滴灌耗水量仅为 1～2m^3/亩，比喷灌省水 70%，比传统沟灌省水 90%。

（四）节肥增效，改善土壤环境

由于滴灌的水肥耦合效应提高了肥料利用效率，因此可以基于较少的养分投入来满足烤烟生长发育所需。若仍采用传统的肥料施用量，则很可能会超过烤烟适宜阈值，从而导致烤烟营养过量，降低烟叶烘烤素质和化学协调性及等级结构，最终影响烤烟的经济效益和化学品质。田间试验结果表明，与常规传统施肥方式相比，水肥一体化方式的氮肥利用率在追肥阶段和全生育期可分别提高 32.9%和 36.9%，使肥料用量大幅减少，且有利于烟叶等级结构的提升，同时对烟叶产值的影响不明显（表 9-4）。另外，有研究表明，农田滴灌可以降低土壤容重，增加土壤孔隙度，从而改善土壤通气状况，有利于微生物活动和繁衍，进而改善土壤环境。

表 9-4 不同灌溉方式与施氮量对氮肥利用率和烤烟经济性状的影响

时期	施肥方式	氮肥利用率（%）	产量（kg/亩）	中上等烟比例（%）	产值（元/亩）
追肥阶段（基追比 3∶7）	常规施肥	42.9	153.3	73.2	2494.3
	水肥一体化（等 N）	43.0	156.5	67.9	2092.5
	水肥一体化（减 N 20%）	46.1	152.2	80.9	2390.4
	水肥一体化（减 N 40%）	57.0	128.5	94.2	2472.2
全生育期水肥一体化	常规施肥	48.3	280.3	79.7	3943.0
	水肥一体化（等 N）	30.9	217.8	77.0	3785.4
	水肥一体化（减 N 20%）	37.2	215.5	88.1	3845.8
	水肥一体化（减 N 40%）	52.6	204.8	88.3	3922.6
	水肥一体化（减 N 60%）	66.1	207.2	84.9	3886.1

（五）减工降本，提高劳动生产力

滴灌与水肥一体化将肥料溶解在灌溉水中，利用滴灌系统同时进行灌溉与施肥。一方面，田间滴灌系统铺设完成后，灌溉施肥变得非常简单，从而大大降低生产劳动强度。生产调查表明，与常规施肥方式相比，追肥阶段采用水肥一体化方式施肥用工可减少 28.6%左右；全生育期采用水肥一体化方式施肥用工可减少 85.7%左右。另一方面，滴灌与水肥一体化的节肥效应可在一定程度上减少肥料成本。追肥阶段采用水肥一体化方式肥料成本可降低 36.3%～42.7%（表 9-5）。

表 9-5 水肥一体化与常规施肥方式的成本对比

时期	施肥方式	肥料成本（元/亩）	施肥用工（天/亩）
追肥阶段（基追比 3∶7）	常规施肥	157.0	0.7
	水肥一体化（等 N）	100.0	0.5
	水肥一体化（减 N 20%）	95.0	0.5
	水肥一体化（减 N 40%）	90.0	0.5
全生育期	常规施肥	157.0	0.7
	水肥一体化（等 N）	286.0	0.1
	水肥一体化（减 N 20%）	229.0	0.1
	水肥一体化（减 N 40%）	172.0	0.1
	水肥一体化（减 N 60%）	114.0	0.1

注：追肥阶段水溶肥由硝酸钾、硝酸钙铵、硫酸钾等单质肥料调配而成；全生育期水溶肥为微灌专用肥

二、滴灌系统的构成

滴灌系统由水源、泵站和田间首部枢纽、各级管网及滴灌带等部分组成（图 9-6）。

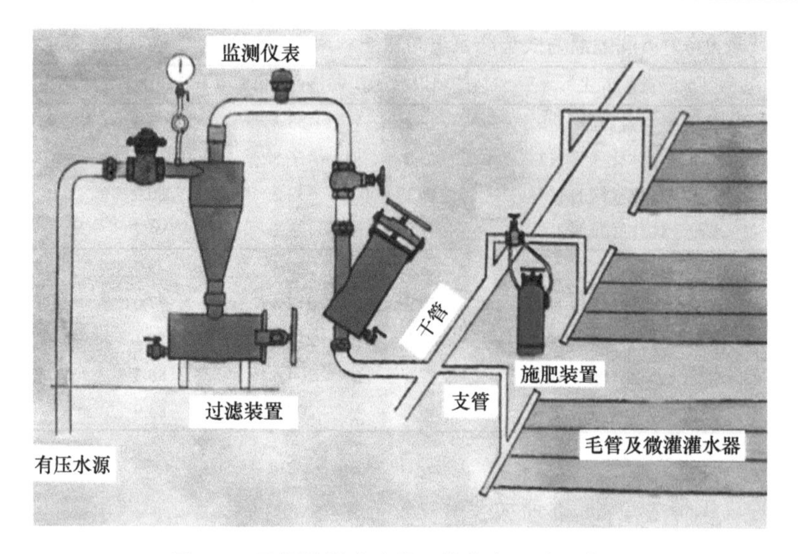

图 9-6　田间滴灌（水肥一体化）系统示意图

（一）水源与泵站

河流、库塘、沟渠、水井、水泉等水源只要符合灌溉水水质要求，均可作为灌溉水源，其中灌溉水氯离子含量以小于 16mg/L 为宜。

滴灌属于有压灌溉，要求系统能够提供所需压力，除利用天然水源与灌溉地块之间的地形高差建设自压灌溉系统外，其余滴灌系统均需设置泵站。泵站由水泵机组、建筑物及进出水管路系统组成，一般利用离心泵机组或潜水电泵（面积较小地块采用单机单泵控制），应采购动力可调式水泵；辅助设备包括进出水管、进排气阀、安全阀、过滤系统等。以水井为水源的泵站布置在井旁或井上，对于地面水源，泵站地址需在考虑地形地貌等条件后合理选择。

（二）首部枢纽

首部枢纽由逆止阀、空气阀、施肥罐、压力表、过滤器及流量表等组成。

（三）管路系统

滴灌系统一般使用塑料管，主要有聚氯乙烯（PVC）、聚丙烯（PP）和聚乙烯（PE）管，首部枢纽一般使用镀锌钢管和 PVC 管。滴灌系统从首部枢纽、输水管道到田间支毛管，由不同直径和不同类型的管件构成。

（四）系统布置

对于山坡梯田，滴灌系统可充分利用地形高差产生水压。蓄水池加压水泵进口处一般设置立式高效过滤装置，并在过滤器前安装压差式施肥装置。如采用水泵增压，供水可采用泵吸式施肥器或文丘里施肥器完成。

三、山地烤烟滴灌系统的设置与安装

（一）水源

可在坡顶修建引水池塘和蓄水池。蓄水池蓄水量以200～250m^{3}为宜，一般要求浆砌钢筋砖结构，内径10m左右，砖厚24cm，池高2.5m左右，采用防水砂浆衬里。

（二）动力

采用水压重力灌溉时，一般要求供水塔与灌溉区高度差≥10m。当自然高度差产生的压力不足时，应装配扬程和流量适宜的水泵，并配套相应的动力机，如可用18～20马力柴油机泵（或汽油机泵）。一般而言，田间灌溉水的流量每亩为1～4t/h，供水压力以150～200kPa为宜。

（三）主干管

一般采用PVC或PE管，目前产品规格为PVC管直径90mm、PVC管直径63mm、PE管直径50mm、PE管直径45mm、PE管直径40mm，主干管从蓄水池或水泵接出，由高向低贯穿地块固定布置，将地块分为两个面积大致相等的区域。

（四）分干管

一般采用PE管，规格为直径40～63mm，从主干管垂直接出，共分为若干组，垂直于烤烟种植方向，呈“鱼骨状”布置，分干管口径宜为主干管的70%～80%。

（五）支管（滴灌带）

一般使用聚乙烯材质的内镶贴片式滴灌带，平行重叠于烤烟种植方向，通过阀门与分干管相接，垂直接出。滴口间距宜与株距一致（通常为0.5m），一般而言滴口与烤烟根部的距离在10cm以内。地膜烟产区可采用膜下滴灌方式，不覆盖地膜的产区滴灌带可直接铺设于地表。滴灌带铺设于垄面后，尾部宜用拉桩绷直固定。

滴灌带铺设时要将滴灌管的滴口朝上，防止沉淀物堵塞滴口，同时可以防止灌溉停止时形成的虹吸将污物吸到滴口，并可减少灌溉水中钙镁沉积对滴口的堵塞。

（六）试水

滴灌系统田间安装完工后需进行试水。采用增压泵供水的滴灌系统，主干管水头压力大，水尾压力小，可通过调节各支管头部的止逆阀开关来实现各支管的流量和压力接近一致。支管同样是水头压力大，水尾压力小，所以同一田块应调节各滴灌带进水阀门使各滴灌带的压力接近一致，以达到滴水量和滴水速度接近一致。

（七）试肥

对于采用增压泵供水的滴灌系统，一般采用泵吸式施肥器，吸肥管口径一般为主管的 8%～10%。试水的同时可测试吸肥速度，并通过调整吸肥管阀门来控制吸肥速度。

山地烤烟滴灌系统田间布局如图 9-7 所示。

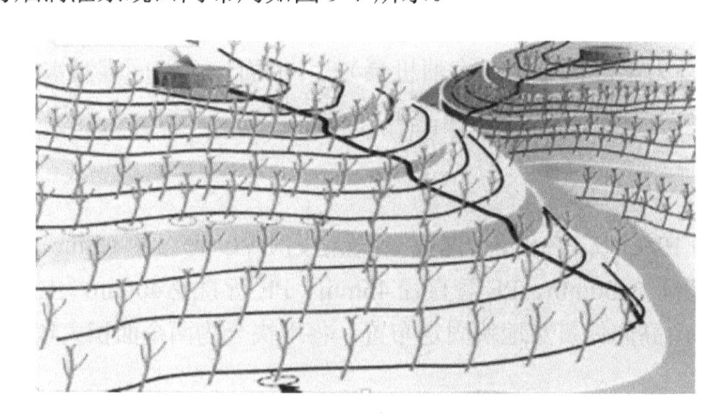

图 9-7　山地烤烟滴灌系统田间布局

四、烤烟滴灌与水肥一体化配套技术

（一）烤烟灌溉制度与滴灌指标

根据烟株需水规律和根系分布、土壤墒情和性状、设施条件及技术措施制定相应的灌溉制度，内容包括烟叶全生育期的灌水量、灌水次数、灌溉时间和每次灌水量等。同时，根据天气情况、土壤墒情、烤烟长势及时调整灌溉制度，适时适量满足烤烟在不同生育期的水分需求（表 9-6）。

滴灌为局部灌溉，将水和肥限定在根系生发范围内，不同生育期应根据烟株根系的分布确定适宜的湿润深度和范围。在烤烟生长前期，土壤湿润比可以取下限，随着根系扩展，湿润比可以逐步提高到上限。烤烟生育前期的膜下滴灌需水量较少，揭膜培土后需加大滴灌水量或延长滴灌时间以满足烟株水分需求。一般而言，当自然降水不足时，烤烟生育期须滴灌 8～10 次（表 9-7）。

表 9-6　烤烟大田不同生育期需水规律

生育阶段	适宜土壤含水量（占田间最大持水量的比例）	需水量（占生育期的比例）	需水特点
还苗期	70%～80%	16%～20%	营养体小，蒸发少，耗水少。但移栽时要提供充足的定根水，保证烟苗成活
伸根期	60%		烟苗逐渐生长，需水量逐渐增加，轻度干旱有利于促进根系生长，一般情况下不需要灌水
旺长期	＞80%	44%～46%	烟株茎秆迅速长高增粗，叶片迅速增多扩大，根系进一步向纵深处生长。此期烟株生理活动旺盛，蒸腾量急剧增加，需水量最高，因此必须加强灌溉，保持土壤含水量为田间最大持水量的 80%以上
成熟期	60%～70%	35%～37%	随着采收次数增加，田间叶面积系数逐渐减少，蒸腾强度相应下降，需水量有所减少，但此期土壤水分状况对烟叶成熟和烟叶质量形成有十分显著的影响，在土壤水分不足时应适量灌溉

表 9-7　烤烟滴灌指标

生育期	田间持水量（%）	计划湿润层（cm）	滴灌次数	灌水定额（kg/株）	灌水周期（天）
还苗期	≤50	20～25	0	—	—
伸根期	≤50	20～25	2	0.5～1	5～7
旺长期	≤70	40～50	4	1.5～2.0	5～7
成熟期	≤60	30～35	2	1.5～1.8	5～7

注：“—”表示无此项

滴灌原则：①烤烟移栽后 3～4 周持续干旱，进行第一次滴灌。②团棵到旺长期旬降水量不足 40mm 或连续 5 天无雨，须进行滴灌。③旺长期旬降水量不足 40mm 或连续 5 天无雨，须进行滴灌。④成熟期旬降水量不足 30mm 或持续干旱，须进行滴灌。

（二）烤烟水肥一体化适宜肥料选配

适合烤烟滴灌与水肥一体化技术的肥料有液体肥料、固体可溶肥、液体生物菌肥和发酵肥滤液等，但要尽量选择溶解度高、溶解速度快、肥效好、稳定性好、兼容性强、腐蚀性小的烟草专用水溶肥。根据烤烟需肥特性调整养分含量及其比例，合理调配养分形态及其助剂，形成满足不同生育期烟叶养分需求的配方。

对于滴灌施肥而言，应首选微灌专用肥，并根据烤烟生育期选择不同配方的微灌专用肥。烤烟滴灌专用水溶肥是一种专门为烟草定制的微灌专用肥，其总养分含量高，硝态氮含量高，钾含量高，水溶性好，微量元素锌和硼为螯合态，不易发生拮抗作用，有利于烟草吸收，可显著提高烤烟的产量和品质。另外，也可选择硝酸钾、硫酸钾、硫酸铵、硝酸钙、磷酸一铵（工业级）、磷酸二氢钾等溶解性较强的肥料，经溶解过滤后使用。

值得注意的是，不同肥料间的搭配施用应充分考虑肥料品种的兼容性，避免相互反应产生沉淀或发生拮抗作用，混合后会产生沉淀的肥料要单独施用。肥料溶液最好现配现用，特别是在水质不好的情况下，防止肥料成分与水中矿物质发生反应。此外，肥料在与农药混配进行灌根时，要避免酸性肥料与碱性农药混配、碱性肥料与酸性农药混配。

（三）烤烟水肥一体化施肥制度构建

按照水肥一体、分期营养、少量多次、一次一方的原则制定施肥制度，包括基肥与追肥比例、基肥种类和数量、不同生育期施肥次数等，并根据天气情况、土壤墒情、烤烟长势及时调整施肥制度，适时适量满足烤烟在不同生育期的养分需求。

烤烟水肥一体化技术的施肥量可根据烤烟目标产量与土壤肥力、有机肥养分供应，以及水肥耦合效应和烤烟营养需求规律等因素进行计算设计。由于水肥一体化条件下的水肥利用率大幅提高，计算施肥量时肥料利用率可按比常规施肥提高 20%～30%折算。一般而言，若烤烟追肥阶段采用水肥一体化技术，施肥量应作调整，每亩应减施纯氮 1～1.5kg。烤烟水肥一体化的施肥指标见表 9-8。

表 9-8　烤烟水肥一体化的施肥指标

生育期	肥料种类	滴肥次数	施肥量（kg/亩）	肥料浓度（%）
移栽时	三元复混肥	0	10～15（基肥）	
伸根期	三元复混水溶肥、氮钾追肥	2	3～4	0.1～0.2
旺长期	三元复混水溶肥、水溶性钾肥	3～4	4～5	0.3～0.5
成熟期	水溶性钾肥	1～2	4～5	0.4

水肥一体化施肥原则：①‘云烟’‘NC’系列品种亩施纯氮量均应控制在 5.0kg 以内；‘红大’亩施纯氮量应控制在 3.5kg 以内；‘K326’亩施纯氮量应控制在 5.5kg 以内。②由于滴灌可显著提高氮肥利用率，成熟期视情况可每亩供应水溶性硫酸钾 8～10kg 或黄腐酸钾或磷酸二氢钾 2～2.5kg，以保证烟叶落黄成熟。

（四）烤烟滴灌施肥方法

水肥一体化的特点是使肥料养分充分水溶，以利于烤烟的充分吸收利用，具有流量小、时间长、频率高的特点。因此，单次施肥量不能过大，否则易造成湿润区养分浓度过高而发生盐害。所以，少量多次是水肥一体化的基本灌溉与施肥原则，由于每次滴灌与施肥量小，养分消耗相对较快，因此需多次施肥，在实际操作中以6～8次为宜。

滴灌施肥适宜的肥料浓度为0.1%～0.5%，可根据田间条件适当调节。土壤干燥时浓度为0.1%～0.2%，土壤湿润时浓度为0.3%～0.5%。浓度较高时要减少单次施肥量，以避免肥害。

晴天温度高的情况下，施肥时间应该选在早上10:00之前或下午4:00以后，不要在阳光强射下施肥或雨天施肥。此外，应避免在土壤过湿时滴肥。进入旺长期后，局部烟区土壤容易过湿，影响滴灌施肥效果，应采用起高垄、开沟排水等方法降低土壤湿度。

滴灌施肥程序为先滴清水5～10min，再滴肥水维持足够时间完成施肥，最后滴清水10～15min。

（五）滴灌系统的维护保养

滴灌系统应定期检查，及时维修系统设备，防止漏水（图9-8）。过滤设备宜选用带有反冲洗装置的叠片式过滤器，否则应定期对过滤器的滤盘进行清洗，以保持水流畅通，并经常监测水泵运行情况。烤烟采收完毕后，应及时进行系统主干管和支管排水，田间毛管（滴灌带）应及时撤除并回收保管，以便来年继续使用。

图9-8　烤烟田间节水滴灌

第十章　云南烤烟专用肥生产与农化服务

烤烟生产所用的各种营养元素之间必须处于或接近平衡，如果由烟农自己系统掌握平衡施肥技术，从目前农村的实际情况来看应该不太容易现实。因此，最好的措施就是在科研院所和相关技术人员的指导下，由肥料厂家根据各地的土壤状况与环境条件，生产出适合不同烟区的烤烟专用复合肥，然后由烟农施用。

第一节　烤烟专用肥配方的基本原理

对于一个氮磷钾比例和单质原料选择已经基本固定的配方，如果是在不同的生态环境和土壤中施用，其肥效还会受肥料制造工艺选择的影响，特别是是否使用黏结剂和使用什么作黏结剂。对于降水较多的酸性土壤，尤其是风化程度高、黏土矿物以铁铝氧化物和高岭石为主的土壤，由于所带电荷少，对肥料的吸附弱，土壤中肥料流失是影响肥效发挥的主要因素。好的专用肥能够最大限度地满足作物对养分的需求，养分之间相互促进，作物生育期结束后所施的各种养分基本没有剩余，因此肥效较高。好的专用肥配方必须考虑以下一些因素。

一、不同作物对养分的不同需求

不同的作物由于基因型和生理代谢存在差异，对氮磷钾和其他中微量元素的需求是不同的。由于不同作物的养分需求差异往往较大，因此设计肥料配方时必须首先加以考虑。就烤烟而言，其养分吸收量与其他作物有较大差别。其中，烤烟所需氮素较多，与黑麦相当，所需磷素相对较少，与大麦、玉米等作物相当，所需钾素最多，是其他作物的 2～18 倍（表 10-1）。

表 10-1　不同作物每 100kg 生物学产量所需的氮磷钾养分及其比

作物	N（kg）	P_2O_5（kg）	K_2O（kg）	N：P_2O_5：K_2O
大麦	2.6	0.5	1.8	1：0.19：0.69
小麦	2.9	0.6	1.7	1：0.21：0.59
玉米	2.7	0.5	1.8	1：0.19：0.67
棉花	5.0	1.0	2.8	1：0.20：0.56

续表

作物	N（kg）	P_2O_5（kg）	K_2O（kg）	N∶P_2O_5∶K_2O
烤烟	3.8	0.4	8.8	1∶0.11∶2.32
黑麦	4.0	1.5	4.4	1∶0.38∶1.10
多年生牧草	2.9	1.3	3.8	1∶0.45∶1.31
马铃薯	0.8	0.3	1.1	1∶0.38∶1.38
菜豆	0.6	0.2	0.8	1∶0.33∶1.33
大白菜	0.6	0.3	1.2	1∶0.50∶2.00
黄瓜	0.5	0.2	0.8	1∶0.40∶1.60
番茄	0.5	0.2	0.5	1∶0.40∶1.00

二、不同品种对养分的不同需求

不仅不同作物对氮磷钾养分比例的需求不同，即使是同一种作物，在不同的生长时期对氮磷钾养分比例的需求也是不同的。相对于氮而言，烤烟对磷的需求较少，而且全生育期对氮磷养分比例的需求变化不大。因此，如果希望得到最好的肥效，烤烟的基肥和追肥在氮磷钾配比上应该有所差异。在专用肥应用上，不同的烤烟耐肥品种应选用氮磷钾配比不同的专用肥，如‘红大’‘G28’等耐肥性弱的品种，专用肥的N、P_2O_5含量均为8%～12%，K_2O含量为20%～25%，即N∶P_2O_5∶K_2O=1∶1∶2.5～3；‘K326’‘云烟87’等耐肥性强的品种，专用肥的N含量为12%～18%，P_2O_5含量为5%～8%，K_2O含量为22%～28%，即N∶P_2O_5∶K_2O=1∶0.5∶2～2.5。

三、不同土壤的养分含量差异

土壤所处地带以及成土过程不同往往会导致其养分含量存在巨大差异。从20世纪80年代开始，云南大量施用磷肥，由于施用的磷比作物带走的磷多得多，加上磷不易淋失并具有很大的残效，因此土壤的速效磷含量与第二次全国土壤普查时相比已有很大的提高。总体来看，云南耕作土壤磷（P_2O_5）含量较为丰富，无论是全量还是有效量均远远高出全国平均水平，全量平均达15g/kg，有效量平均为33.8mg/kg，有的超过100mg/kg。所以，可降低烤烟专用肥的磷含量，同时提高氮、钾含量。

四、不同单质肥料的物理化学兼容性

单质肥料混合后彼此之间会发生各种物理化学反应，其中某些反应对造粒过程有良好的影响，而某些反应会导致吸湿和结块加剧，甚至是养分的无效化和损失。例如，当硫酸盐肥料与钙质肥料混合时，生成的硫酸钙有利于颗粒的稳定；铵态氮肥与钙镁磷肥混合时，会发生氮的挥发损失；硝态氮肥与过磷酸钙肥混合造粒时，会发生部分硝态氮的损失等。

第二节　烤烟专用肥生产

烤烟专用肥主要指复混肥，复混肥是复合肥料和混合肥料的总称。复混肥的出现，不但是肥料工业发展的结果，更是农业发展的要求。从应用单元肥料开始，不论国外或国内，营养元素单一的肥料都不能很好地满足农业的高产、优质要求，需要多种单元肥料配合施用。与此同时，化肥工业的发展为生产含多种营养元素的复混肥提供了成熟的技术。生产和施用复混肥能减少施肥次数，节省施肥成本，而且可根据不同作物的要求设计各种配方，从而提高肥效，是平衡施肥技术的物化产品。

一、复混肥的基本内涵

复合肥是指氮、磷、钾三种养分中，至少有两种养分标明量的仅由化学方法制成的肥料，因此是有明确分子式的化合物，如$(NH_4)_2HPO_4$（磷酸二铵）、KNO_3（硝酸钾）、KH_2PO_4（磷酸二氢钾）等。而混合或掺合肥料是指氮、磷、钾三种养分中，至少有两种养分标明量的由干混方法制成的肥料。用于混合或掺合的“原料肥”，可以是粉状，但彼此间容易发生某些化学反应，引起吸潮、结块等。一般而言，粉状混合肥料宜随混随用，不宜久存，也不宜作为商品肥料再次出售。因此，目前大部分混合或掺合肥料是粒状的。实际中生产和应用更多的是复混肥，是指氮、磷、钾三种养分中，至少有两种养分标明量的由化学方法和/或掺混方法制成的肥料。例如，氮、磷、钾三元复混肥中氮磷两者是化学合成的，而钾往往是掺合进去的。同时，复混肥术语包括所有复合和混合（掺合）肥料。

复混肥的养分含量，国际上通常按氮（N）∶磷（P_2O_5）∶钾（K_2O）的顺序分别用阿拉伯数字表示，称为肥料规格或肥料配方。例如，15∶15∶15 表示含 N、P_2O_5、K_2O 各 15%，总养分为 45%的三元复混肥；18∶46∶0 表示含 N 18%、P_2O_5 46%、不含钾，总养分为 64%的氮磷两元复混肥。在 K_2O 含量的后面，有时有中、微量营养元素符号，如 15∶15∶15（S）表明复混肥中的钾是硫酸钾，称作硫基复混肥。中、微量营养元素的含量有时以养分种类和含量标于 K_2O 之后，如 15∶15∶15∶0.5（Zn）∶0.2（B），表明除氮、磷、钾外，还含有锌 0.5%、硼 0.2%。但迄今国际上只承认氮、磷、钾含量，其他中、微量元素含量均不计算在总养分内。

二、复混肥的种类和要求

复混肥按生产和混配工艺，大致可分为料浆法团粒型（粒状）复混肥、干粉法团粒型（粒状）复混肥和散装掺混型复混肥三大类。

（一）料浆法团粒型（粒状）复混肥

采用料浆法生产复混肥的主要载体有磷酸铵和硝酸磷肥，磷酸是制取高浓度复混肥的主要原料。磷酸与氨化合生成磷酸铵，因反应时溶液的 pH 不同，可生成三种不同磷酸盐，即磷酸一铵（$NH_4H_2PO_4$）、磷酸二铵［$(NH_4)_2HPO_4$］和磷酸三铵［$(NH_4)_3PO_4$］。磷酸一铵（MAP）在酸性溶液中稳定存在，磷酸二铵（DAP）在碱性溶液中稳定，而磷酸三铵须保存在强碱性溶液中，其在常温、常压下易分解，故只有 MAP 和 DAP 用作肥料。用杂质含量中等的湿法磷酸制成的 DAP 氮磷钾比为 18∶46∶0，制成的 MAP 氮磷钾比为 11∶55∶0。而作为肥料使用的商品磷酸铵往往是 DAP 和 MAP 的混合物，因而其氮和磷含量往往介于两者之间，但总养分含量一般在 60%以上。根据我国的实际情况，国家标准（GB 10205—1988，GB 10206—1988）规定的磷酸铵养分含量为：DAP 含 N 13%～18%、有效 P_2O_5 38%～48%；MAP 含 N 10%～11%、有效 P_2O_5 46%～52%。而料浆法生产的 MAP 含 N 10%～11%、P_2O_5 40%～44%，产品级别详见以上两个国家标准。这两种复混肥都能溶于水，但 MAP 的饱和水溶液为酸性（pH=3.47），而 DAP 的饱和水溶液为微碱性（pH=7.98）。因此，在石灰性土中施用 MAP 可降低磷的固定和氨的挥发，往往有较好的肥效。

在磷酸与氨中和时，也可加入其他酸如硫酸、硝酸等，生产出硫磷酸铵或硝磷酸铵等产品。硝酸磷肥是用硝酸分解磷矿粉制得磷酸和硝酸钙溶液，然后通入氨中和磷酸并分离硝酸钙而制成的，生产硝酸磷肥不用硫酸，常被硫资源缺乏的国家采用。同时，硝酸具有双重作用：一是把磷矿转化成可被植物利用的形式，二是以肥料形式提供氮素营养。因除钙方法不同，硝酸磷肥的生产工艺和产品有所差别。但其产品成分比较复杂，有硝酸铵、硝酸钙、磷酸一铵、磷酸二铵、磷酸一钙和磷酸二钙，即其中既有硝态氮，又有铵态氮，既有水溶性磷，又有枸溶性磷。其产品的氮（N）磷（P_2O_5）比有 1∶1（20∶20）和 2∶1（26∶13）两大类。因氮素有一半左右为硝态氮形式，适用于生长期短的喜硝态氮作物，如蔬菜、烤烟等，但一般认为施用于水稻不太适宜。磷的水溶性也很重要。根据试验，粒状的硝酸磷肥要求有效磷中水溶性磷占 50%以上，否则在缺磷土壤中施用会影响作物生长。不论磷酸铵或硝酸磷肥，都是氮、磷两元复混肥，在其生产过程中加入钾肥（一般为氯化钾或硫酸钾）即成为三元复混肥。这类复混肥一般养分含量比较均匀，颗粒抗压强度较大，运输中不易破碎，贮存中不易结块。

（二）干粉法团粒型（粒状）复混肥

我国的复混肥工业尚在发展中，以磷酸铵和硝酸磷肥为基础发展起来的复混肥占比不大。粉状混合肥料虽然加工工艺简单，但容易吸潮、结块，且施用不便，更不宜贮存，难以发展，因而广泛发展粒状复混肥。粒状复混肥是采用已有的单元化肥或复混肥（如磷酸铵），经破碎、过筛、称重、混合、造粒（造粒机的种类较多，有圆盘造粒机、转鼓造粒机和挤压造粒机等）、干燥、冷却、筛分等工序生产出的粒状成品。其优点是配方较灵活，可以小批量生产；缺点是因原料等不同，养分含量较难保证一致，而且存在二次加工、二次包装、二次税收等问题，提高了生产成本，同时在混配中有相配性问题。相配性不好的原因往往是两种肥料混合后发生部分化学反应，产生的复盐具有很大溶解性，并释放出水，使物料变湿，难以成粒，而且两种肥料混合后的临界相对湿度（从空气中吸水）比混合前的单一肥料要低。

复混肥的国家标准（GB 15063—2020）对养分含量也有规定，要求氮、磷、钾养分之和，高浓度≥40.0%，中浓度≥30.0%，三元低浓度≥25.0%，二元低浓度≥20.0%。

（三）散装掺混型复混肥

散装掺混型复混肥也称掺合肥，由粒状肥料按要求的养分配比在搅拌机中干混而成，在美国和加拿大应用较多。其产品大部以散装进入市场，通称 B.B.肥。究其发展的原因：氮、磷、钾等单元肥料生产厂为降低成本，大多设在原料产地，单元肥料产品生产后由销售商按农户的要求在小型肥料厂（仓库）掺合并供给农户，配方灵活，将肥料的生产、销售和农化服务联系在一起，很受各方欢迎。生产掺合肥料的基础是要有颗粒粒径和颗粒占比相近的原料肥，否则掺合后稍有震动肥料便分层，在田间用机器撒施时养分容易分布不均。

三、烤烟专用肥配方改进

改进肥料配方是提高肥料利用率的一条重要途径。从云南烤烟生产的实际出发，针对不同土壤条件，对养分配比与肥料结构进行适当改进，对提高肥料利用率是较为有效的。

（一）硝态氮与氨态氮的比例

肥料进入土壤以后，某些养分会被胶体吸附，某些养分会被土壤微生物转化，易溶成分会被雨水淋失，部分养分会被杂草吸收固定，这些过程有的有利于养分保存或使养分更加有效，而有的却使养分缓效化或无效化，降低肥料利用率。烤烟属于喜硝态氮植物，因此酸性土壤烤烟专用肥最好含有一定比例的硝态氮。

田间试验结果表明，在红壤和紫色土上，不同硝态 N 比例对肥料利用率的影响不大，但硝态 N 比例在 40%～60%时的肥料利用率较高；在水稻土上，当硝态 N 比例超过 40%，肥料利用率就会降低（图 10-1）。所以，水稻土烤烟肥料配方的硝态 N 比例一般不宜超过 40%，而红壤和紫色土以 40%～60%较为适宜。

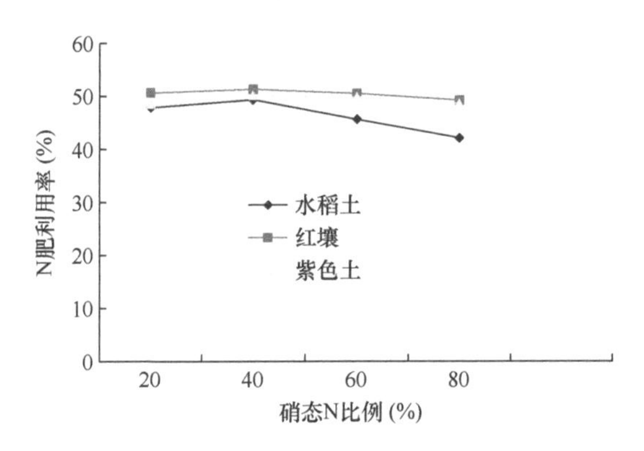

图 10-1 不同硝态氮比例对氮肥利用率的影响

（二）肥料粒径

田间试验结果表明，肥料粒径在 2～8mm，随着粒径的增加，肥料利用率显著提高，氮肥利用率可提高 23.4%，磷肥利用率可提高 6.9%，钾肥利用率可提高 21.2%（图 10-2），说明提高粒径能有效提高肥料利用率。但从烟叶产质量方面考虑，田烟的肥料粒径应选 4～6mm，地烟以 2～4mm 较为适宜。

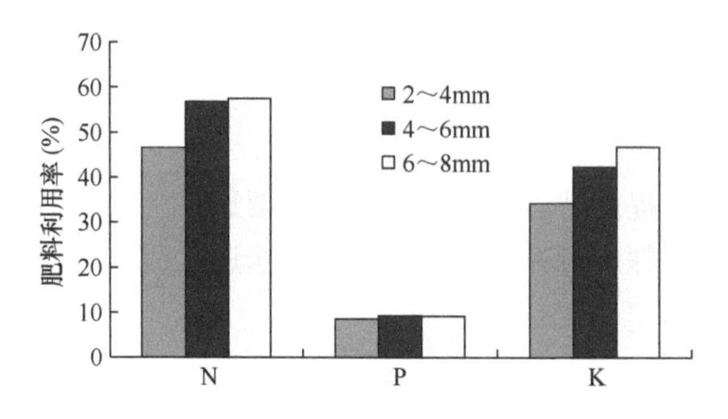

图 10-2　不同肥料粒径对肥料利用率的影响

（三）中、微量元素的添加

在一定的浓度范围内，施用中、微量元素有利于提高烤烟的产质量。但是超过阈值，中、微量元素就会产生毒害作用，有的微量元素从营养到毒害水平的范围较窄。例如，土壤有效硼含量低于 0.4mg/kg 时，往往会因缺硼而影响烟叶品质，而高于 1.0mg/kg 时，就会产生硼的毒害作用而影响烤烟生长发育。所以，微量元素的使用方案应根据肥料使用烟区土壤中其含量而定。根据云南相关研究与生产实践，缺硼的土壤采用加入 0.5%硼砂的烤烟肥料配方，可使钾肥利用率提高 3.1 个百分点；缺氯的土壤采用加入 3%氯的烤烟肥料配方，可使氮肥利用率提高 2.2 个百分点（表 10-2）。所以，缺硼或缺氯的土壤采用添加相应中、微量元素的烤烟专用肥，不但可以防止缺素症发生，而且可有效减少氮、磷、钾肥投入。

表 10-2　添加硼、氯对肥料利用率的影响

处理	氮肥利用率（%）	磷肥利用率（%）	钾肥利用率（%）
对照	48.6	7.52	38.6
添加硼砂（0.5%）	47.3	6.89	41.7
添加氯（3%）	50.8	7.28	38.5

第三节　烤烟农化服务

随着科技兴烟战略的深入开展，烤烟施肥已由发展阶段向成熟阶段过渡，烤烟用肥不仅对肥料数量，对养分结构和肥料品种也有较高的要求。因此，开展烤烟农化服务、提高烤烟施肥水平已受到各个层面的重视。

一、烤烟农化服务的基本要求

农化服务是现代农业生产中直接为农民服务的一个重要部分。世界上许多发达国家的农化服务组织，虽然名称不同、组织形式不一，但基本内容都是为农户提供各种生产服务、技术服务、销售服务或供应物资，把农户相当大的一部分生产劳动转变成社会化服务工作。

（一）烤烟专用肥的研发、生产、销售和使用有机结合

做好烤烟农化服务的关键是使科研与烟叶生产、化肥生产经由农化服务这一纽带实现一体化，改变各自为政的局面，使各领域的技术优势得到充分发挥，信息得到共享，实现科研与生产的结合，缩短科研成果转换为生产力的周期，提高成果转化效率。

（二）烤烟专用肥是平衡施肥技术的物化产品

通过农化服务，在测土的基础上，可以做到针对不同的产区生产区域型、品种型烤烟专用肥产品以及给予相应的配套施肥技术措施，并及时提供给烤烟生产部门，指导烟农合理施肥，提高肥料利用率，从而达到使烤烟种植提质增效的目的。由于减少了不必要的流通环节，烟农可以方便地购买到生产所需的烤烟专用肥，同时可以方便快捷地获得肥料使用信息；化肥企业也能及时掌握客户对肥料产品使用效果和研发肥料新产品方面的需求信息，以便满足客户需要。

（三）施肥效应的宏观控制与具体指导要密切结合

通过开展农化服务，可以做到从产品研发、生产、销售、使用各环节系统评价施肥效益。例如，建立定点观测，确定配方产品在一定阶段改善烟株营养、提高烟叶产质量的效果以及对土壤养分消长规律的影响，并对施肥现状、养分收支、烤烟生产、土壤培肥要求等方面予以综合评价，以预测肥料需求变化，为肥料生产企业组织生产、销售提供依据，也为烤烟用肥部门的肥料规划、化肥区划及结构调整提供宏观控制，还可以为施肥技术的制定给予参谋并推广其实施和示范，直接对烟农进行田间现场指导与培训，推广平衡施肥新技术、新成果。

二、烤烟农化服务的主要方式

烤烟农化服务的方式多种多样，不同化肥企业因生产经营模式存在差异，

所采用的农化服务方式也不同，但基本上可概括为两大类。一类是肥料产品与农化服务分离，即肥料企业只负责产品的生产和销售，由烤烟主管部门宣传合理施肥。这种方式产品和服务分割，烟农往往只能凭借自己的认识购买化肥，施肥效益低。另一类是肥料企业既是产品生产部门，又是农化服务部门，农化服务体现在售前、售中和售后各个环节，使测土施肥技术指导随专用肥产品同时到达烟农手中。即定期开展土壤和烟叶取样，分析植烟土壤理化性状和烟叶品质，由专家根据取样分析结果，参照大田田间试验示范情况，提出施肥建议书并交由烤烟生产主管部门，肥料企业基于基础肥料（如硫酸钾、磷酸铵、硝酸钾、硝酸铵等），按配方与养分要求进行二次加工后供给烟农，对测土施肥技术进行物化处理。

（一）建立健全农化服务网络，指导烟农科学用肥

因品种和土壤气候条件不同，烤烟的养分需求模式存在差异，导致专用肥产品供求产生区域性差异。因此，通过建立健全农化服务网络，摸清植烟土壤“家底”，了解土壤“脾气”，才便于因地制宜地生产、销售专用肥和具体指导烟农合理施肥。近年来，云南在烤烟生产上逐步健全了土壤肥料基础数据库，对测土施肥新技术、新成果进行了试验示范与推广，并组织了田间现场观摩学习，这些措施深受烟农的欢迎。

（二）建立土壤肥料试验网，实现信息化施肥服务

土壤肥料试验网的建立与应用证明，其可直接为农业生产提供专项服务，提高农作物整体生产水平。为及时反馈生产与科研信息，加强肥料的宏观调控和管理，应建立不同土壤、气候与施肥技术的短期和长期试验协作网，以提供更符合当地需要并能不断提高施肥效益的参数和指标，从而为平衡施肥提供理论与实践依据。

（三）掌握市场信息，宏观控制和预测烤烟肥料需求

目前，烤烟施肥的宏观决策是以乡（镇）为服务单元，汇集烟区土壤调查分析资料、多年烟叶产质量和化肥投入等数据，并进行土壤肥力分区和施肥分区；开展不同专用肥肥效试验，提出不同肥力分区的施肥配方（N、P、K 及中微量养分）与配方肥料用量，从优质、高效生产与保护植烟土壤环境和节约成本的角度提出施肥建议。宏观决策除可以为施肥提供科学依据外，还可以为肥料生产和储运等方面的提早安排提供数据。在此基础上，农化服务机构可以在烤烟种植前，针对不同产区和土壤肥力印发烤烟施肥通知单，指导烟农做好平衡施肥。

参 考 文 献

蔡寒玉, 张晓海, 汪耀富, 等. 2005. 调亏灌溉对烤烟耗水特性的影响. 烟草农业科学, 1(2): 159-164.

陈萍, 李明福, 李天福. 2011. 云南植烟土壤肥料利用率研究. 中国农学通报, 27(18): 125-129.

陈萍, 李天福, 张晓海, 等. 2003. 利用 ^{15}N 示踪技术探讨烟株对氮素肥料的吸收与分配. 云南农业大学学报, 18(1): 1-4.

高家合, 李梅云, 赵淑媛, 等. 2008. 地膜覆盖与烤烟根系及烟叶产量品质的关系. 中国农学通报, 24(7): 181-185.

韩锦峰, 刘维群, 杨素勤, 等. 1993. 海拔高度对烤烟香气物质的影响. 中国烟草科学, (3): 1-3.

贺升华, 任炜, 等. 2001. 烤烟气象. 昆明: 云南科技出版社.

胡雪琼, 黄中艳, 朱勇, 等. 2006. 云南烤烟气候类型及其适宜性研究. 南京气象学院学报, 29(4): 563-568.

胡雪琼, 李天福. 2006. 云南省烤烟内在品质类型与气象条件的关系分析. 云南农业科技, (5): 17-18.

黄中艳, 朱勇, 王树会, 等. 2007. 云南烤烟内在品质与气候的关系. 资源科学, 29(2): 83-90.

李天福, 陈萍, 冉邦定. 1999a. 烤烟不同耐肥品种的肥料利用率与烟叶品质. 烟草科技, (4): 33-34.

李天福, 冉邦定, 陈萍, 等. 1995. 云南烤烟主要栽培品种的耐肥特性研究. 烟草科技, (2): 32-34.

李天福, 冉邦定, 陈萍, 等. 1999b. 云南烤烟经济合理施肥建议. 云南农业科技, (2): 29-30.

李天福, 王彪, 杨焕文, 等. 2006. 气象因子与烟叶化学成分及香吃味间的典型相关分析. 中国烟草学报, 12(1): 23-26.

李天福, 王树会, 王彪, 等. 2005. 云南烟叶香吃味与海拔和经纬度的关系. 中国烟草科学, (3): 22-24.

李文华, 王树会, 邵岩, 等. 2006. 基于 GIS 的云南烟叶适生性评价方法. 测绘信息与工程, 31(4): 22-24.

李正风, 张晓海, 刘勇, 等. 2006. 不同覆盖方式对植烟土壤温度和水分及烤烟品质的影响. 土壤肥料科学, 22(11): 224-227.

冉邦定. 1985. 云南烤烟产区的气候条件及合理利用. 中国烟草, (1): 24-26.

尚志强. 2008. 秸秆还田与覆盖对植烟土壤性状和产量质量的影响. 土壤通报, 39(3): 706-708.

尚志强, 张晓海, 邵岩, 等. 2006. 秸秆还田和覆盖对烤烟生长发育及品质的影响. 烟草科技, (1): 50-53.

宋志林, 立道美朗. 1980. 日本烟草栽培研究五十年进展. 中国烟草, (4): 42-48.

王彪, 李天福. 2005. 气象因子与烟叶化学成分关联度分析. 云南农业大学学报, 20(5): 742-745.

王彪, 李天福, 王树会. 2006. 烟叶香吃味指标的因子分析. 云南农业大学学报, 21(1): 124-126.
王日俊, 黄成东, 徐照丽, 等. 2021. 基于中国知网的有机无机配施对烤烟产量与品质影响的整合分析. 土壤, 53(6): 1185-1191.
王树会, 李天福, 邵岩, 等. 2006c. 不同烤烟品种及海拔对烟叶中有机酸的影响. 西南农业大学学报(自然科学版), 28(1): 127-130.
王树会, 邵岩, 李天福, 等. 2006a. 云南植烟土壤有机质与氮含量的研究. 中国土壤与肥料, (5): 18-20.
王树会, 邵岩, 李天福, 等. 2006b. 云南烟区土壤钾素含量与分布. 云南农业大学学报, 21(6): 834-837.
王树声, 董建新, 刘新民, 等. 2003. 烟草集约化育苗技术发展概况. 烟草科技, (5): 43-45.
王兴松, 王娜, 杜宇, 等. 2022. 有机肥对玉溪植烟土壤有机质组分和微生物群落结构的影响. 中国农业科技导报, (9): 32-35.
王秀蓉. 1991. 短日照对烤烟多叶品种生长发育的影响. 中国烟草, (3): 37-40.
吴涛, 晋艳, 杨宇虹. 2007a. 烤烟漂浮育苗草炭替代基质研究. 中国农学通报, 23(1): 194-198.
吴涛, 晋艳, 杨宇虹. 2007b. 烤烟漂浮育苗基质理化性状与出苗率的相关性. 烟草科技, (8): 43-47, 51.
徐发华, 单沛祥, 李文璧. 2003. 基质盐渍化对漂浮育苗的影响. 烟草科技, (2): 40-42.
徐照丽, 吴玉萍, 杨宇虹, 等. 2006. 烤烟中 Cu Zn Mn 交互作用研究. 农业环境科学学报, 25(5): 1162-1166.
徐照丽, 杨宇虹. 2007. 应用 ^{15}N 研究前作施用有机肥对烤烟氮肥效应的影响. 中国农学通报, 23(9): 354-357.
徐照丽, 杨宇虹. 2008. 不同前作对烤烟氮肥效应的影响. 生态学杂志, 27(11): 1926-1931.
云南省烟草科学研究所, 中国烟草育种研究(南方)中心. 2007. 云南烟草栽培学. 北京: 科学出版社.
云南省烟草农业科学研究院. 2009. 基于 GIS 的云南烤烟种植区划研究. 北京: 科学出版社.
云南省烟草农业科学研究院. 2012. 津巴布韦烟叶生产纪实. 北京: 科学出版社.
云南省烟草农业科学研究院. 2013. 云南烤烟生产关键实用技术原理与实践. 北京: 科学出版社.
云南省烟草农业科学研究院. 2020. 云南优质烤烟田间种植技术. 北京: 科学出版社.
张晓海. 2010. 云南植烟土壤状况及深耕技术. 内蒙古农业科技, (5): 98-100.
张晓海, 蔡寒玉. 2006. 覆膜方式和移栽深度对烤烟产质量的影响. 安徽农业科学, 34(3): 505-506.
张晓海, 苏贤坤, 廖德智, 等. 2005. 不同生育期水分调控对烤烟烟叶产质量的影响. 烟草科技, (6): 36-38.
中国科学院. 1982. 中国自然地理. 北京: 科学出版社.
中国农业科学院烟草研究所. 1989. 中国烟草栽培学. 上海: 上海科学技术出版社.
周金仙, 白永富, 张恒. 2004. 云南烟草品种区域试验研究. 云南农业大学学报, 19(1): 78-85.
Chan L F, Lai K L. 1989. Effect of temperature and photoperiod on the flower bud formation of tobacco plants. Memoirs of the College of Agriculture Taiwan University, 29(2): 16-22.
Collins W K, Hawks S N. 1993. Principles of flue-cured tobacco production. Raleigh: NC State University.

Cui M. 1994. Seed germination and seedling development of burley tobacco in a greenhouse float system. Lexington: University of Kentucky.

Tilt K M, Bilderback T E, Fonteno W C. 1987. Particle size and container size effects on growth of three ornamental species. J. Am. Soc. Hort. Sci., 112(6): 981-984.

Yang W Z, Yang G Y, Hu Q F, et al. 2006. Determination of heavy metal ions in tobacco and tobacco additives. S. Afr. J. Chem., 59: 17-20.